编委会

主　编　韩雪涛

副主编　吴　瑛　韩广兴

编　委　张丽梅　马梦霞　朱　勇　张湘萍
　　　　王新霞　吴鹏飞　周　洋　韩雪冬
　　　　高瑞征　吴　玮　周文静　唐秀鸯
　　　　吴惠英

微视频全图讲解系列

扫描书中的"二维码"
开启全新的微视频学习模式

微视频
全图讲解PLC及变频技术

数码维修工程师鉴定指导中心　　组织编写
韩雪涛　主编　　吴瑛　韩广兴　副主编

精彩微视频
配合讲解

扫码观看
方便快捷

电子工业出版社
Publishing House of Electronics Industry
北京·BEIJING

内 容 简 介

本书采用"全彩"+"全图"+"微视频"的全新讲解方式,系统全面地介绍PLC和变频技术的专业知识和应用技能,打破传统纸质图书的学习模式,将网络技术与多媒体技术引入纸质载体,开创"微视频"互动学习的全新体验。读者可以在学习过程中,通过扫描页面上的"二维码"即可打开相应知识技能的微视频,配合图书轻松完成学习。

本书适合相关领域的初学者、专业技术人员、爱好者及相关专业的师生阅读。

使用手机扫描书中的"二维码",开启全新的微视频学习模式……

未经许可,不得以任何方式复制或抄袭本书之部分或全部内容。
版权所有,侵权必究。

图书在版编目(CIP)数据

微视频全图讲解PLC及变频技术/韩雪涛主编. --北京:电子工业出版社,2018.3
(微视频全图讲解系列)
ISBN 978-7-121-33505-1

Ⅰ. ①微… Ⅱ. ①韩… Ⅲ. ①PLC技术—图解 ②变频技术—图解 Ⅳ. ①TM571.6-64 ②TN77-64

中国版本图书馆CIP数据核字(2018)第010959号

责任编辑:富　军　特约编辑:刘汉斌
印　　刷:中国电影出版社印刷厂
装　　订:中国电影出版社印刷厂
出版发行:电子工业出版社
　　　　　北京市海淀区万寿路173信箱　邮编 100036
开　　本:787×1092　1/16　印张:15.75　字数:403.2千字
版　　次:2018年3月第1版
印　　次:2020年8月第11次印刷
定　　价:69.80元

凡所购买电子工业出版社的图书,如有缺损问题,请向购买书店调换。若书店售缺,请与本社发行部联系,联系及邮购电话:(010)88258888,88254888。
质量投诉请发邮件至zlts@phei.com.cn,盗版侵权举报请发邮件至dbqq@phei.com.cn。
本书咨询联系方式:(010)88254456。

前　言

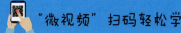 "微视频"扫码轻松学

首先，本书是专门为从事PLC及变频技术的初学者和技术人员编写的，能够在短时间内迅速提升初学者的专业知识和专业技能，同时，也为从事相关工作的技术人员提供更大的拓展空间，丰富实践经验。

PLC及变频技术是电工必不可少的一项专项、专业、实用技能。随着技术的飞速发展及市场竞争的日益加剧，PLC及变频技术的学习和培训逐渐从知识层面延伸到技能层面。为了能够编写好本书，我们依托数码维修工程师鉴定指导中心进行了大量的市场调研和资料汇总，将PLC及变频技术进行了全新的梳理和整合，以国家相关职业资格标准为核心，结合岗位培训的特点，重组技能培训架构，制订符合现代行业技能培训特色的学习计划，确保读者能够轻松、快速地掌握PLC及变频技术的相关知识和实用技能，以应对相关的岗位需求。

其次，本书打破传统教材的文字讲述模式，在图书的培训架构、图书的呈现方式、图书的内容编排和图书的教授模式四个方面全方位提升图书的品质。

四大特色

1 本系列图书的内容按照读者的学习习惯和行业培训特点进行科学系统的编排，适应当前实操岗位的学习需求。

2 本系列图书全部采用"全彩"+"全图"+"微视频讲解"的方式，充分体现图解特色，让读者的学习变得轻松、简单、易学易懂。

3 图书引入大量实际案例，读者通过学习，不仅可以学会实用的动手技能，同时可以掌握更多的实践工作经验。

4 本系列图书全部采用微视频讲解互动的全新教学模式，每本图书在内页重要知识点相关图文的旁边附印二维码。读者只要用手机扫描书中相关知识点的二维码，即可在手机上实时浏览对应的教学视频。视频内容与图书涉及的知识完全匹配，晦涩复杂难懂的图文知识通过相关专家的语言讲解，帮助读者轻松领会，同时还可以极大地缓解阅读疲劳。

另外，为了确保专业品质，本书由数码维修工程师鉴定指导中心组织编写，由全国电子行业资深专家韩广兴教授亲自指导。编写人员有行业资深工程师、高级技师和一线教师。本书无处不渗透着专业团队的经验和智慧，使读者在学习过程中如同有一群专家在身边指导，将学习和实践中需要注意的重点、难点一一化解，大大提升学习效果。

值得注意的是，PLC及变频技术的理论性知识十分重要，要想活学活用、融会贯通，须结合实际工作岗位进行循序渐进的训练。因此，为读者提供必要的技术咨询和交流是本书的另一大亮点。如果读者在工作学习过程中遇到问题，可以通过以下方式与我们交流：

数码维修工程师鉴定指导中心　　　　　网址：http://www.chinadse.org
联系电话：022-83718162/83715667/13114807267　　E-mail：chinadse@163.com
地址：天津市南开区榕苑路4号天发科技园8-1-401　　邮编：300384

编　者

目录

第1章 PLC的种类和功能特点 ·········· 1
1.1 PLC的种类 ·········· 1
1.1.1 按结构形式分类 ·········· 1
1.1.2 按I/O点数分类 ·········· 2
1.1.3 按功能分类 ·········· 4
1.1.4 按生产厂家分类 ·········· 5
1.2 PLC的功能与应用 ·········· 9
1.2.1 继电器控制与PLC控制 ·········· 9
1.2.2 PLC的功能特点 ·········· 11
1.2.3 PLC的实际应用 ·········· 13

第2章 PLC的结构组成和工作原理 ·········· 16
2.1 PLC的结构组成 ·········· 16
2.1.1 三菱PLC的结构组成 ·········· 16
2.1.2 西门子PLC的结构组成 ·········· 27
2.2 PLC的工作原理 ·········· 36
2.2.1 PLC的工作条件 ·········· 36
2.2.2 PLC的工作过程 ·········· 37

第3章 PLC周边电气部件的控制关系 ·········· 42
3.1 电源开关的功能特点 ·········· 42
3.1.1 电源开关的结构 ·········· 42
3.1.2 电源开关的控制过程 ·········· 43
3.2 按钮的功能特点 ·········· 44
3.2.1 按钮的结构 ·········· 44
3.2.2 按钮的控制过程 ·········· 45
3.3 限位开关的功能特点 ·········· 47
3.3.1 限位开关的结构 ·········· 47
3.3.2 限位开关的控制过程 ·········· 48
3.4 接触器的功能特点 ·········· 49
3.4.1 接触器的结构 ·········· 49
3.4.2 接触器的控制过程 ·········· 50
3.5 热继电器的功能特点 ·········· 52
3.5.1 热继电器的结构 ·········· 52

3.5.2 热继电器的控制过程 ·················52
3.6 其他常用电气部件的功能特点 ·················54
3.6.1 传感器的功能特点 ·················54
3.6.2 速度继电器的功能特点 ·················55
3.6.3 电磁阀的功能特点 ·················56
3.6.4 指示灯的功能特点 ·················57

第4章 PLC的编程语言 ·················58
4.1 PLC梯形图 ·················58
4.1.1 梯形图的构成及符号含义 ·················59
4.1.2 梯形图中的继电器 ·················61
4.1.3 梯形图的基本电路 ·················66
4.2 PLC语句表 ·················70
4.2.1 语句表的构成及符号含义 ·················71
4.2.2 语句表指令的含义及应用 ·················72

第5章 PLC的编程方法 ·················81
5.1 三菱PLC的编程方法 ·················81
5.1.1 三菱PLC梯形图的编程 ·················81
5.1.2 三菱PLC语句表的编程 ·················89
5.2 西门子PLC的编程方法 ·················98
5.2.1 西门子PLC梯形图的编程 ·················98
5.2.2 西门子PLC语句表的编程 ·················110

第6章 PLC的安装、调试与维护 ·················119
6.1 PLC系统的安装 ·················119
6.1.1 PLC硬件系统的选购原则 ·················119
6.1.2 PLC系统的安装和接线要求 ·················124
6.1.3 PLC系统的安装方法 ·················132
6.2 PLC系统的调试与维护 ·················135
6.2.1 PLC系统的调试 ·················135
6.2.2 PLC系统的日常维护 ·················136

第7章 PLC在电气控制电路中的应用 ·················137
7.1 三菱PLC在电动机启、停控制电路中的应用 ·················137
7.1.1 电动机启、停PLC控制电路的结构 ·················137
7.1.2 电动机启、停PLC控制电路的控制过程 ·················138
7.2 三菱PLC在电动机反接制动控制电路中的应用 ·················139
7.2.1 电动机反接制动PLC控制电路的结构 ·················139
7.2.2 电动机反接制动PLC控制电路的控制过程 ·················139

7.3 三菱PLC在通风报警系统中的应用 ·········· 141
7.3.1 通风报警PLC控制电路的结构 ·········· 141
7.3.2 通风报警PLC控制电路的控制过程 ·········· 142
7.4 三菱PLC在交通信号灯控制系统中的应用 ·········· 144
7.4.1 交通信号灯PLC控制电路的结构 ·········· 144
7.4.2 交通信号灯PLC控制电路的控制过程 ·········· 146
7.5 西门子PLC在电动机交替运行电路中的应用 ·········· 148
7.5.1 电动机交替运行PLC控制电路的结构 ·········· 148
7.5.2 电动机交替运行PLC控制电路的控制过程 ·········· 148
7.6 西门子PLC在电动机Y—Δ降压启动控制电路中的应用 ·········· 151
7.6.1 电动机Y—Δ降压启动PLC控制电路的结构 ·········· 151
7.6.2 电动机Y—Δ降压启动PLC控制电路的控制过程 ·········· 151
7.7 西门子PLC在C650型卧式车床控制电路中的应用 ·········· 154
7.7.1 C650型卧式车床PLC控制电路的结构 ·········· 154
7.7.2 C650型卧式车床PLC控制电路的控制过程 ·········· 156

第8章 变频器的结构和功能特点 ·········· 159
8.1 变频器的种类和功能特点 ·········· 159
8.1.1 变频器的种类 ·········· 159
8.1.2 变频器的功能应用 ·········· 162
8.2 变频器的结构组成 ·········· 167
8.2.1 变频器的外部结构 ·········· 167
8.2.2 变频器的内部结构 ·········· 171
8.3 变频电路的结构形式和工作原理 ·········· 173
8.3.1 变频电路的结构形式 ·········· 173
8.3.2 变频电路中的主要器件 ·········· 175
8.3.3 变频电路的工作原理 ·········· 181

第9章 变频器的安装使用与检测代换 ·········· 185
9.1 变频器的安装与连接 ·········· 185
9.1.1 变频器的安装 ·········· 185
9.1.2 变频器的连接 ·········· 192
9.2 变频器的使用与调试 ·········· 200
9.2.1 变频器的使用 ·········· 200
9.2.2 变频器的调试 ·········· 206
9.3 变频器的检测与代换 ·········· 210
9.3.1 变频器的检测 ·········· 210
9.3.2 变频器的代换 ·········· 214

第10章 变频技术的实际应用 ·············216

10.1 制冷设备中变频电路的实际应用 ·············216
- 10.1.1 海信KFR—4539（5039）LW/BP型变频空调器中的变频电路 ·············216
- 10.1.2 海信KFR—25GW/06BP型变频空调器中的变频电路 ·············218
- 10.1.3 海信KFR—5001LW/BP型变频空调器中的变频电路 ·············220
- 10.1.4 中央空调器中的变频电路 ·············222

10.2 工业设备中变频电路的实际应用 ·············226
- 10.2.1 变频器控制工业拉线机的应用案例 ·············226
- 10.2.2 变频器控制多台电动机正/反转运行的应用案例 ·············228
- 10.2.3 变频电路在单水泵恒压供水变频电路中的应用案例 ·············232
- 10.2.4 变频电路在数控机床中的应用 ·············237

第1章　PLC 的种类和功能特点

1.1　PLC 的种类

PLC 的英文全称为 Programmable Logic Controller，即可编程序控制器。它是一种将计算机技术与继电器控制技术结合起来的现代化自动控制装置，广泛应用于农机、机床、建筑、电力、化工、交通运输等行业中。

随着 PLC 的发展和应用领域的扩展，PLC 的种类越来越多，可从不同的角度进行分类，如结构、I/O 点、功能、生产厂家等。

1.1.1　按结构形式分类

PLC 根据结构形式的不同可分为整体式 PLC、组合式 PLC 和叠装式 PLC。

1　整体式 PLC

整体式 PLC 是将 CPU、I/O 接口、存储器、电源等部分全部固定安装在一块或几块印制电路板上成为统一的整体，当控制点数不符合要求时，可连接扩展单元，以实现较多点数的控制，体积小巧。目前，小型、超小型 PLC 多采用这种结构，如图 1-1 所示。

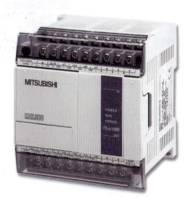

图 1-1　常见整体式 PLC 实物图

2　组合式 PLC

组合式 PLC 的 CPU、I/O 接口、存储器、电源等部分以模块形式按一定规则组合配置而成，也称模块式 PLC，可以根据实际需要灵活配置。目前，中型或大型 PLC 多采用组合式结构，如图 1-2 所示。

图 1-2 常见组合式 PLC 实物图

3 叠装式 PLC

叠装式 PLC 是一种集合整体式 PLC 的结构紧凑、体积小巧和组合式 PLC 的 I/O 点数搭配灵活于一体的 PLC，如图 1-3 所示。这种 PLC 将 CPU（CPU 和一定的 I/O 接口）独立出来作为基本单元，其他模块为 I/O 模块作为扩展单元，各单元可一层层地叠装，连接时使用电缆进行单元之间的连接即可。

图 1-3 常见叠装式 PLC 实物图

1.1.2 按 I/O 点数分类

I/O 点数是指 PLC 可接入外部信号的数目。I 指 PLC 可接入输入点的数目。O 指 PLC 可接入输出点的数目。I/O 点指 PLC 可接入的输入点、输出点的总数。

PLC 根据 I/O 点数的不同可分为小型 PLC、中型 PLC 和大型 PLC。

1 小型 PLC

小型 PLC 是指 I/O 点数在 24～256 点之间的小规模 PLC，一般用于单机控制或小型系统的控制。图 1-4 为常见小型 PLC 实物图。

图 1-4　常见小型 PLC 实物图

2 中型 PLC

中型 PLC 的 I/O 点数一般在 256～2048 点之间，如图 1-5 所示，不仅可对设备进行直接控制，同时还可对下一级的多个可编程序控制器进行监控，一般用于中型或大型系统的控制。

3 大型 PLC

大型 PLC 的 I/O 点数一般在 2048 点以上，如图 1-6 所示，能够进行复杂的算数运算和矩阵运算，可对设备进行直接控制，同时还可对下一级的多个可编程序控制器进行监控，一般用于大型系统的控制。

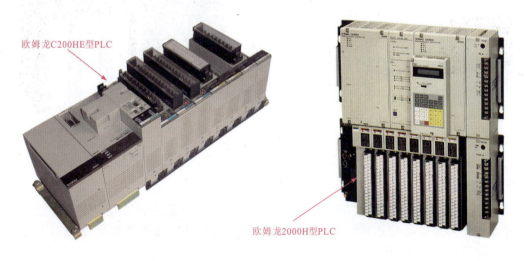

图 1-5　常见中型 PLC 实物图　　　　图 1-6　常见大型 PLC 实物图

1.1.3 按功能分类

PLC 根据功能的不同可分为低档 PLC、中档 PLC 和高档 PLC。

1 低档 PLC

具有简单的逻辑运算、定时、计算、监控、数据传送、通信等基本控制功能和运算功能的 PLC 被称为低档 PLC，如图 1-7 所示。这种 PLC 工作速度较低，能带动 I/O 模块的数量也较少。

图 1-7　常见低档 PLC 实物图

2 中档 PLC

中档 PLC 除具有低档 PLC 的控制功能外，还具有较强的控制功能和运算能力，如比较复杂的三角函数、指数和 PID 运算等，同时还具有远程 I/O、通信联网等功能，工作速度较快，能带动 I/O 模块的数量也较多。

图 1-8 为常见中档 PLC 实物图。

图 1-8　常见中档 PLC 实物图

3 高档 PLC

高档 PLC 除具有中档 PLC 的功能外，还具有更为强大的控制功能、运算功能和联网功能，如矩阵运算、位逻辑运算、平方根运算及其他特殊功能函数运算等，工作速度很快，能带动 I/O 模块的数量也很多。

图 1-9 为常见高档 PLC 实物图。

图 1-9 常见高档 PLC 实物图

1.1.4 按生产厂家分类

目前，PLC 被大范围采用，生产厂家不断涌现，推出的产品种类繁多，功能各具特色。其中，美国的 AB 公司、通用电气公司，德国的西门子公司，法国的 TE 公司，日本的欧姆龙、三菱、松下、富士等公司是目前市场上主流且极具有代表性的生产厂家。国内也自行研制、开发、生产出许多小型 PLC。

三菱、西门子、欧姆龙、松下的产品占有率较高、普及应用较广。下面介绍这些典型 PLC 的功能特点、相关参数及系统配置。

1 三菱 PLC

市场上，三菱 PLC 常见的系列产品有 FR-FX$_{1N}$、FR-FX$_{1S}$、FR-FX$_{2N}$、FR-FX$_{3U}$、FR-FX$_{2NC}$、FR-A、FR-Q 等。图 1-10 为几种常见三菱 PLC 系列产品实物图。

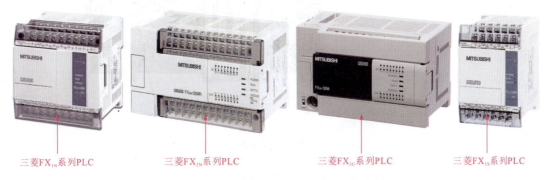

图 1-10 常见三菱 PLC 系列产品实物图

三菱 FX$_{2N}$ 系列 PLC 属于超小型程序装置，是 FX 家族中较先进的系列，处理速度快，在基本单元上连接扩展单元或扩展模块，可进行 16～256 点的灵活输入/输出组合，为工厂自动化应用提供最大的灵活性和控制能力。

三菱 FX1S 系列 PLC 属于集成型小型单元式 PLC。

三菱 Q 系列 PLC 是三菱公司原先 A 系列的升级产品，属于中、大型 PLC 系列产品。Q 系列 PLC 采用模块化的结构形式，系列产品的组成与规模灵活可变，最大输入、输出点数达到 4096 点；最大程序存储器容量可达 252KB；采用扩展存储器后可以达到 32MB；基本指令的处理速度可以达到 34ns；整个系统的处理速度得到很多提升，多个 CPU 模块可以在同一基板上安装，CPU 模块间可以通过自动刷新进行定期通信，或通过特殊指令进行瞬时通信。三菱 Q 系列 PLC 被广泛应用于各种中、大型复杂机械、自动生产线的控制场合。

2　西门子 PLC

德国西门子（SIEMENS）公司的可编程序控制器 SIMATIC S5 系列产品在中国的推广较早，在很多的工业生产自动化控制领域都曾有过经典应用。西门子公司还开发了一些起标准示范作用的硬件和软件，从某种意义上说，西门子系列 PLC 决定了现代可编程序控制器的发展方向。

目前，市场上的西门子 PLC 主要为西门子 S7 系列产品，如图 1-11 所示，包括小型 PLC S7-200、中型 PLC S7-300 和大型 PLC S7-400。

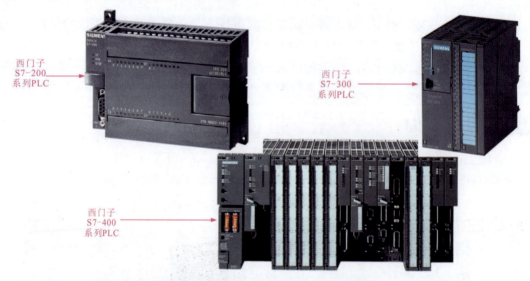

图 1-11　西门子 S7 系列 PLC 产品实物图

西门子 PLC 的主要功能特点：
（1）采用模块化紧凑设计，可按积木式结构进行系统配置，功能扩展非常灵活方便；
（2）以极快的速度处理自动化控制任务，S7-200 和 S7-300 的扫描速度为 0.37μs；
（3）具有很强的网络功能，可以将多个 PLC 按照工艺或控制方式连接成工业网络，构成多级完整的生产控制系统，既可实现总线联网，也可实现点到点通信；
（4）在软件方面，允许在 Windows 操作平台下使用相关的程序软件包、标准的办公室软件和工业通信网络软件，可识别 C++ 等高级语言环境；
（5）编程工具更为开放，可使用普通计算机或便捷式计算机。

3　欧姆龙 PLC

日本欧姆龙（OMRON）公司的 PLC 较早进入中国市场，开发了最大 I/O 点数在 140 点以下的 C20P、C20 等微型 PLC，最大 I/O 点数为 2048 点的 C2000H 等大型 PLC，广泛应用于自动化系统设计的产品中。

图 1-12 为常见欧姆龙 PLC 产品实物图。

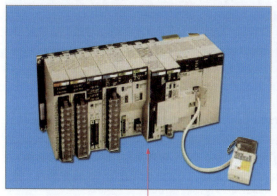
欧姆龙 C200H 系列 PLC

欧姆龙 CPM1A、CPM2A 系列 PLC

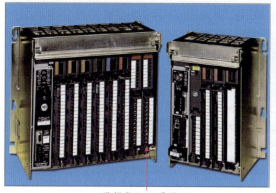
欧姆龙 PLC 5 系列 PLC

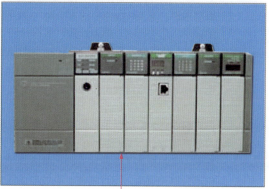
欧姆龙 SLC 500 系列 PLC

图 1-12　常见欧姆龙 PLC 产品实物图

欧姆龙公司对 PLC 及其软件的开发有自己的特殊风格。例如，C2000H 大型 PLC 将系统存储器、用户存储器、数据存储器和实际的输入、输出接口、功能模块等统一按绝对地址形式组成系统，把数据存储和电器控制使用的术语合二为一，命名数据区为 I/O 继电器、内部负载继电器、保持继电器、专用继电器、定时器 / 计数器。

4　松下 PLC

松下 PLC 是目前国内比较常见的 PLC 产品之一，功能完善、性价比高，常用的有小型 FP-X、FP0、FP1、FPΣ、FP-e 系列，中型的 FP2、FP2SH、FP3 系列，以及大型的 EP5 系列等。

图 1-13 为常见松下 PLC 产品实物图。

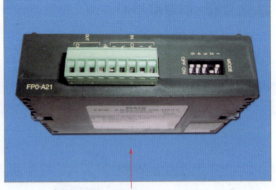

松下FP-X系列的PLC　　　　　　　　　松下FP0系列的PLC

图1-13　常见松下PLC产品实物图

（1）松下FP1系列PLC有C14、C16、C24、C40、C56、C72多种规格产品。虽然是小型机，但性价比很高，比较适合中小型企业。

FP1硬件配置除主机外，还可加I/O扩展模块、A-D（模-数转换）、D-A（数-模转换）模块等智能单元，最多可配置几百点，机内有高速计数器，可输入频率高达10kHz的脉冲，并可同时输入两路脉冲，还可输出可调的频率脉冲信号（晶体管输出型）。

FP1有190多条功能指令，除基本逻辑运算外，还可进行加（+）、减（-）、乘（×）、除（÷）四则运算，有8bit、16bit和32bit数字处理功能，并能进行多种码制变换。FP1还有中断程序调用、凸轮控制、高速计数、字符打印、步进等特殊功能指令。

FP1监控功能很强，可实现梯形图监控、列表继电器监控、动态时序图监控（可同时监控16个I/O点的时序），具有几十条监控命令，多种监控方式，指令和监控结果可用日语、英语、德语和意大利语四种语言显示。

（2）松下FPΣ系列PLC保持机身小巧、使用简便，同时加载了中型PLC的功能，采用通信模块插件大幅增强了通信功能，可以实现最大100kHz的位置控制；具有数据备份结构，可以对数据寄存器区进行完全备份，日历、时钟的数据也能由电池备份，I/O注释可以与程序一同写入，大幅提高了系统保存性；具有高速、丰富的实数运算功能，实现了PID的控制指令，可以进行自动调整，实现简便、高性能的控制；为了防止出厂后的意外改写程序或保护原始程序不被窃取，还可以设置密码功能。

（3）松下FP2/FP2SH系列PLC。FP2系列PLC有FP2-C1、FP2-C1D、FP2-C1SL、FP2-C1A等型号产品，外形结构紧凑，但保持了中规模PLC的功能，具有多种高功能单元，能够从事诸如模拟量控制、联网和位置控制，集多种功能于一体，具有优良的性能价格比，I/O点数基本结构最大768点，扩展结构最大1600点，使用远程I/O系统最大2048点。它的CPU单元配有一个RS232编程口，可直接与人机界面相连，还带有一个用于远程监控和通过调制解调器进行维护的高级通信接口。

FP2SH系列PLC的扫描时间为1ms/20k步（步指程序的步数，也通过步数显示程序容量），实现了超高速处理，程序容量最大为120k步（可理解为存储程序的步数），具有足够的程序容量。同时还配备了小型PC卡，可用于程序备份或用作扩展数据内存，应用与大量数据进行处理的领域，它还有内置注释和日历定时器功能。

（4）松下FP3/FP10SH系列PLC。FP10SH系列PLC的特点如下：高速CPU；最多可控制2048个I/O点；可利用中继功能执行高优先级的中断程序；编程器可在程序中插入注释，便于后期的检查与调试；具有高精度定时功能/日历功能；具备16k步的大程序容量；288条方便指令功能；EPPROM写入功能；网络的连接及安装十分简便。

1.2　PLC 的功能与应用

PLC 的发展极为迅速，随着技术的不断更新，控制功能，数据采集、存储、处理功能，可编程、调试功能，通信联网功能，人机界面功能等也逐渐变得强大，使 PLC 的应用领域得到进一步急速扩展，广泛应用于各行各业的控制系统中。

1.2.1　继电器控制与 PLC 控制

简单地说，PLC 是一种在继电器、接触器控制基础上逐渐发展起来的以计算机技术为依托，运用先进的编辑语言实现诸多功能的新型控制系统，采用程序控制方式是与继电器控制系统的主要区别。

PLC 问世以前，在农机、机床、建筑、电力、化工、交通运输等行业中是以继电器控制系统占主导地位的。继电器控制系统以结构简单、价格低廉、易于操作等优点得到广泛的应用。

图 1-14 为典型继电器控制系统。

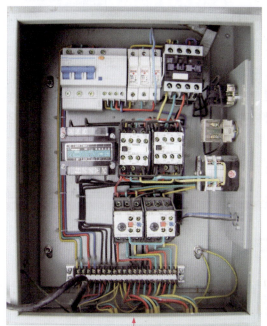

小型机械设备的继电器控制系统　　　　大型机械设备的继电器控制系统

图 1-14　典型继电器控制系统

随着工业控制的精细化程度和智能化水平的提升，以继电器为核心控制系统的结构越来越复杂。在有些较为复杂的系统中，可能要使用成百上千个继电器，不仅使整个控制装置显得体积十分庞大，而且元器件数量的增加、复杂的接线关系还会造成整个控制系统的可靠性降低。更重要的是，一旦控制过程或控制工艺要求变化，则控制柜内的继电器和接线关系都要重新调整。可以想象，如此巨大的变动一定会花费大量的时间、精力和金钱,其成本的投入有时要远远超过重新制造一套新的控制系统,这势必又会带来很大的浪费。

为了应对继电器控制系统的不足,既能让工业控制系统的成本降低,同时又能很好地应对工业生产中的变化和调整,工程人员将计算机技术、自动化技术及微电子和通信技术相结合,研发出了更加先进的自动化控制系统,即PLC。

PLC作为专门为工业生产过程提供自动化控制的装置,采用了全新的控制理念,通过强大的输入、输出接口与工业控制系统中的各种部件相连,如控制按键、继电器、传感器、电动机、指示灯等。

图1-15为PLC功能简图。

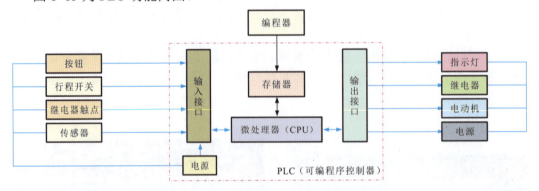

图1-15　PLC功能简图

通过编程器编写控制程序(PLC语句),将控制程序存入PLC中的存储器,并在微处理器(CPU)的作用下执行逻辑运算、顺序控制、计数等操作指令。这些指令会以数字信号(或模拟信号)的形式送到输入端、输出端,控制输入端、输出端接口上连接的设备,协同完成生产过程。

图1-16为PLC硬件系统模型图。

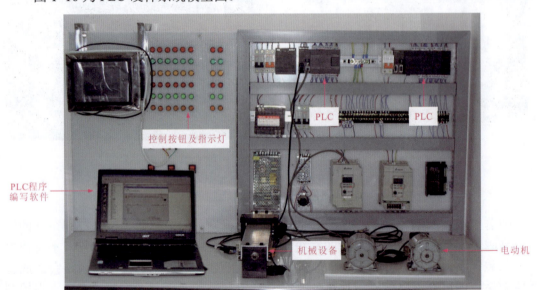

图1-16　PLC硬件系统模型图

PLC 控制系统用标准接口取代硬件安装连接,用大规模集成电路与可靠元件的组合取代线圈和活动部件的搭配,并通过计算机进行控制,不仅大大简化了整个控制系统,而且也使控制系统的性能更加稳定,功能更加强大,在拓展性和抗干扰能力方面也有显著的提高。

PLC 控制系统的最大特色是在改变控制方式和效果时不需要改动电气部件的物理连接线路,只需要通过 PLC 程序编写软件重新编写 PLC 内部的程序即可。

1.2.2 PLC 的功能特点

国际工委会(IEC)将 PLC 定义为"数字运算操作的电子系统",专为在工业环境下的应用而设计,采用可编程序的存储器,存储执行逻辑运算、顺序控制、定时、计数和算术运算等操作指令,通过数字或模拟输入和输出控制各种类型的机械或生产过程。

(1)控制功能。图 1-17 为 PLC 在生产过程控制系统的功能图。生产过程中的物理量由传感器检测后,经变压器变成标准信号,再经多路开关和 A/D 转换器变成适合 PLC 处理的数字信号由光耦送给 CPU,光耦具有隔离功能;数字信号经 CPU 处理后,再经 D/A 转换器变成模拟信号输出,模拟信号经驱动电路驱动控制泵电动机、加温器等设备实现自动控制。

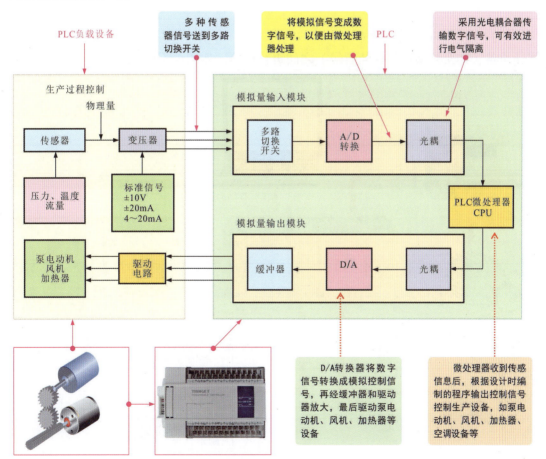

图 1-17 PLC 在生产过程控制系统的功能图

（2）数据的采集、存储、处理功能。PLC具有数学运算及数据的传送、转换、排序、移位等功能，可以完成数据的采集、分析、处理及模拟处理等。这些数据还可以与存储在存储器中的参考值进行比较，完成一定的控制操作，也可以将数据传输或直接打印输出，如图1-18所示。

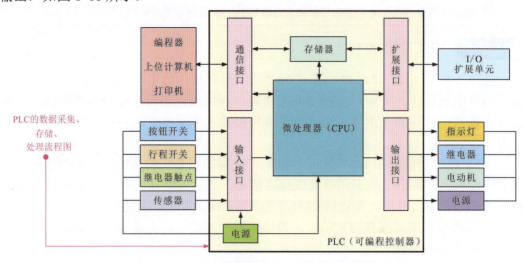

图1-18　PLC的数据采集、存储、处理功能

（3）通信联网功能。PLC具有通信联网功能，可以与远程I/O、其他PLC、计算机、智能设备（如变频器、数控装置等）之间进行通信，如图1-19所示。

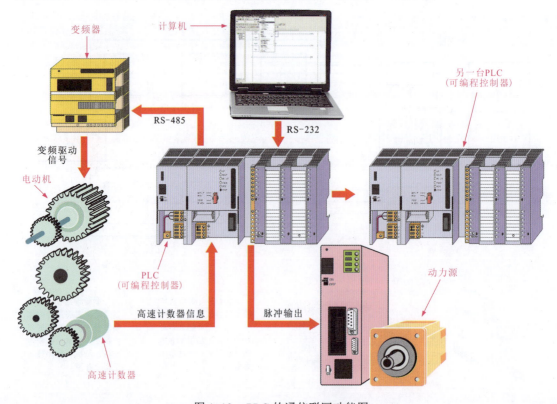

图1-19　PLC的通信联网功能图

（4）可编程、调试功能。PLC 通过存储器中的程序对 I/O 接口外接的设备进行控制，存储器中的程序可根据实际情况和应用进行编写，一般可将 PLC 与计算机通过编程电缆连接，实现对其内部程序的编写、调试、监视、实验和记录，如图 1-20 所示。这也是区别于继电器等其他控制系统最大的功能优势。

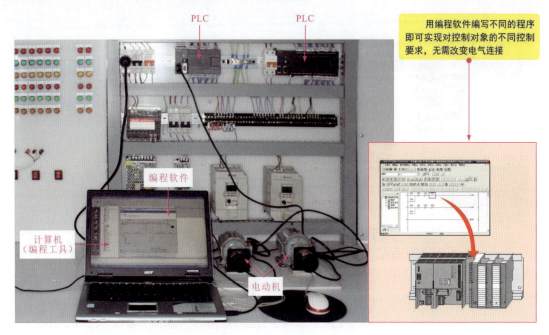

图 1-20　PLC 的可编程、调试功能

（5）其他功能。PLC 的其他功能如图 1-21 所示。

运动控制功能	过程控制功能	监控功能
PLC 使用专用的运动控制模块对直线运动或圆周运动的位置、速度和加速度进行控制，广泛应用于机床、机器人、电梯等。	过程控制是指对温度、压力、流量、速度等模拟量的闭环控制。作为工业控制计算机，PLC 能编制各种各样的控制算法程序完成闭环控制。另外，为了使 PLC 能够完成加工过程中对模拟量的自动控制，还可以实现模拟量（Analog）和数字量（Digital）之间的 A/D 转换和 D/A 转换，广泛应用于冶金、化工、热处理、锅炉控制等场合。	操作人员可通过 PLC 的编程器或监视器对定时器、计数器及逻辑信号状态、数据区的数据进行设定，同时还可对 PLC 各部分的运行状态进行监视。

停电记忆功能	故障诊断功能
PLC 内部设置停电记忆功能，是在内部存储器所使用的 RAM 中设置了停电保持器件，使断电后该部分存储的信息不变，电源恢复后，可继续工作。	PLC 内部设有故障诊断功能，可对系统构成、硬件状态、指令的正确性等进行诊断，当发现异常时，会控制报警系统发出报警提示声，同时在监视器上显示错误信息，当故障严重时会发出控制指令停止运行，从而提高 PLC 控制系统的安全性。

图 1-21　PLC 的其他功能

1.2.3　PLC 的实际应用

目前，PLC 已经成为生产自动化、现代化的重要标志。众多电子器件生产厂商都投入到了 PLC 产品的研发中。PLC 的品种越来越丰富，功能越来越强大，应用也越来越广泛，无论是生产、制造还是管理、检验，无不可以看到 PLC 的身影。

图 1-22 为 PLC 在电子产品制造设备中的应用。PLC 在电子产品制造设备中主要用来实现自动控制功能，在电子元件加工、制造设备中作为控制中心，使输送定位驱动电动机、加工深度调整电动机、旋转电动机和输出电动机能够协调运转、相互配合，实现自动化工作。

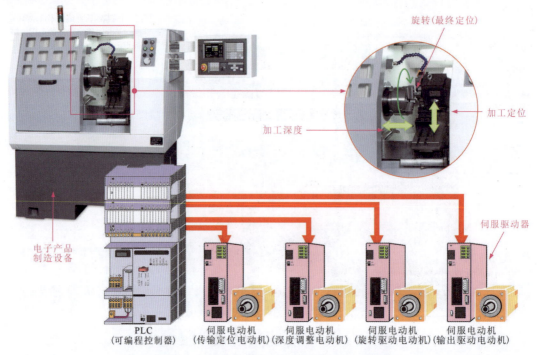

图 1-22　PLC 在电子产品制造设备中的应用

图 1-23 为 PLC 在自动包装系统中的应用。在自动包装控制系统中，产品的传送、定位、包装、输出等一系列都按一定的时序（程序）动作，PLC 在预先编制的程序控制下，由检测电路或传感器实时监测包装生产线的运行状态，根据检测电路或传感器传输的信息实现自动控制。

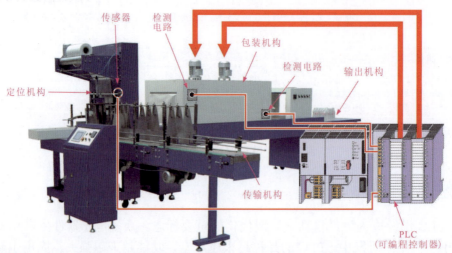

图 1-23　PLC 在自动包装系统中的应用

图1-24为PLC在纺织机械中的应用。在纺织机械中有多个电动机驱动传动机构，互相之间的转动速度和相位都有一定的要求。通常，纺织机械系统中的电动机普遍采用通用变频器控制，所有的变频器统一由PLC控制。工作时，每套传动系统将转速信号通过高速计数器反馈给PLC，PLC根据速度信号即可实现自动控制，使各部件协调一致地工作。

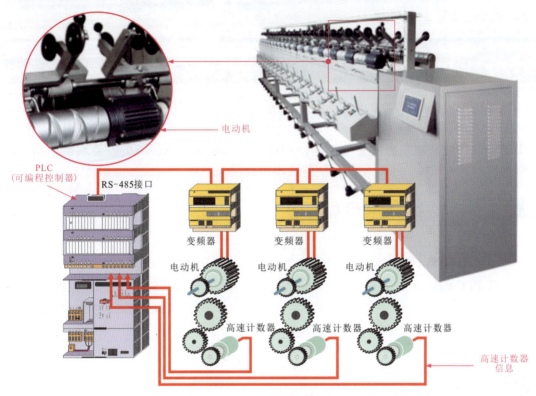

图1-24　PLC在纺织机械中的应用

图1-25为PLC在自动检测装置中的应用。在检测生产零件弯曲度的自动检测系统中，检测流水线上设置有多个位移传感器，每个传感器将检测的数据送给PLC，PLC即会根据接收到的测量数据比较运算，得到零部件的弯曲度，与标准比对，自动完成对零部件是否合格的判定。

图1-25　PLC在自动检测装置中的应用

15

第2章 PLC 的结构组成和工作原理

2.1 PLC 的结构组成

随着控制系统的规模和复杂程度的增加，一套完整的 PLC 控制系统不再局限于单个 PLC 主机（基本单元）独立工作，而是由多个硬件组合而成的，且根据 PLC 类型、应用场合、环境、功能等因素的不同，构成系统的硬件数量、类型、要求也不相同，不同系统的具体结构、组配模式、硬件规模也有很大差异。

2.1.1 三菱 PLC 的结构组成

三菱公司为了满足各行各业不同的控制需求推出了多种系列型号的 PLC，如 Q 系列、AnS 系列、QnA 系列、A 系列和 FX 系列等。

三菱 PLC 的硬件系统主要由基本单元、扩展单元、扩展模块及特殊功能模块组成，如图 2-1 所示。

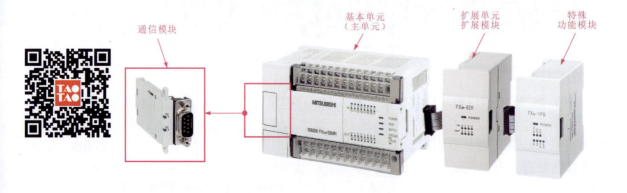

图 2-1　三菱 PLC 的结构组成

1　三菱 PLC 的基本单元

三菱 PLC 的基本单元是 PLC 的控制核心，也称主单元，主要由 CPU、存储器、输入接口、输出接口及电源等构成，是 PLC 硬件系统中的必选单元。下面以三菱 FX 系列 PLC 为例介绍硬件系统中的产品构成。

图 2-2 为三菱 FX 系列 PLC 的基本单元，也称 PLC 主机或 CPU 部分，属于集成型小型单元式 PLC，具有完整的性能和通信功能等扩展性。常见 FX 系列产品主要有 FX_{1N}、FN_{2N} 和 FN_{3U} 几种。

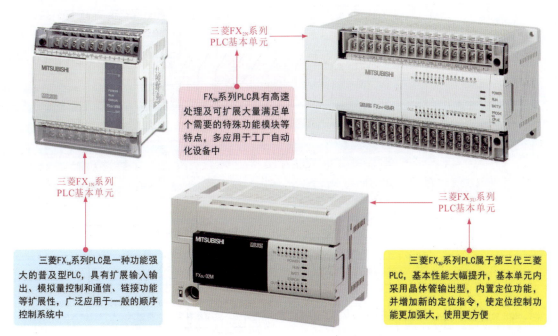

图 2-2　三菱 FX 系列 PLC 的基本单元

图 2-3 为三菱 FX 系列 PLC 基本单元的外部结构，主要由电源接口、输入/输出接口、PLC 状态指示灯、输入/输出 LED 指示灯、扩展接口、外围设备接线插座、存储器和串行通信接口构成。

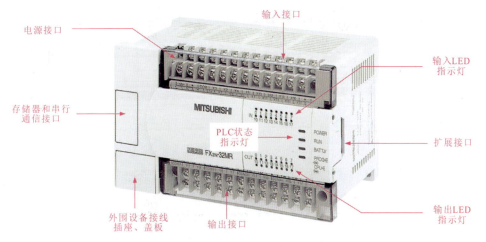

图 2-3　三菱 FX 系列 PLC 基本单元的外部结构

（1）电源接口和输入/输出接口。PLC 的电源接口包括 L 端、N 端和接地端，用于为 PLC 供电；PLC 的输入接口通常使用 X0、X1 等进行标识；PLC 的输出接口通常使用 Y0、Y1 等进行标识。

图 2-4 为三菱 PLC 基本单元的电源接口和输入/输出接口部分。

（2）LED 指示灯。LED 指示灯部分包括 PLC 状态指示灯、输入指示灯和输出指示灯三部分，如图 2-5 所示。

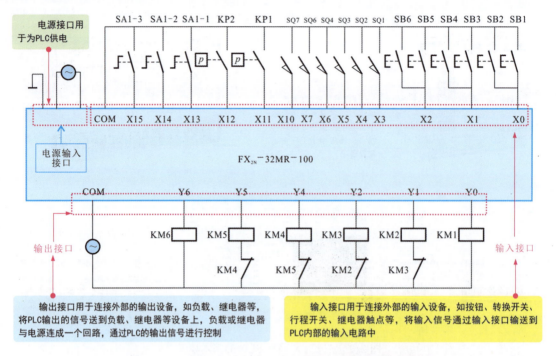

图 2-4 三菱 PLC 基本单元的电源接口和输入/输出接口

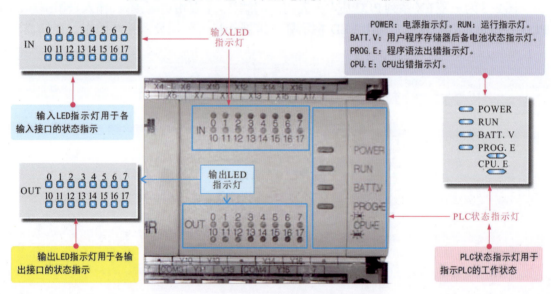

图 2-5 三菱 PLC 外壳上的 LED 指示灯

（3）通信接口。PLC 与计算机、与外围设备、与其他 PLC 之间需要通过共同约定的通信协议和通信方式由通信接口实现信息交换。

图 2-6 为三菱 PLC 基本单元的通信接口。

拆开 PLC 外壳即可看到 PLC 的内部结构组成。在通常情况下，三菱 PLC 基本单元的内部主要是由 CPU 电路板、输入/输出接口电路板和电源电路板构成的，如图 2-7 所示。

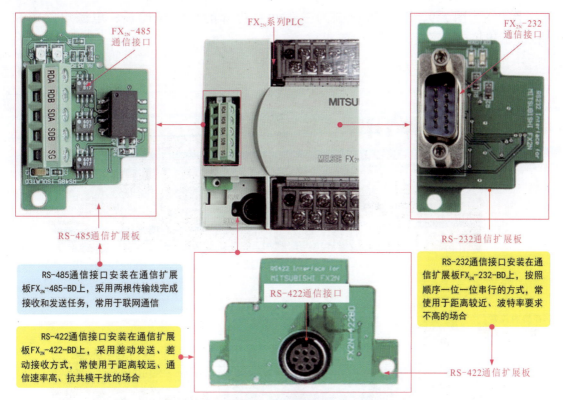

图 2-6　三菱 PLC 基本单元的通信接口

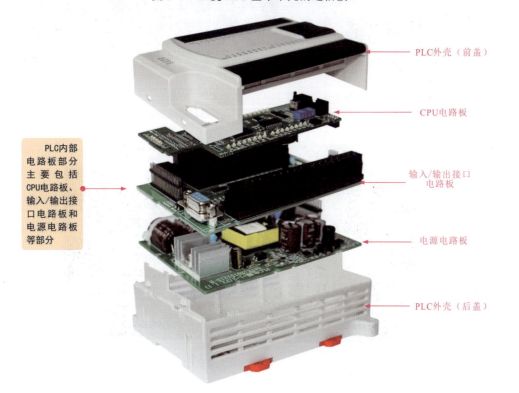

图 2-7　三菱 PLC 内部电路板

图 2-8、图 2-9、图 2-10 分别为三菱 PLC 内部的 CPU 电路板、电源电路板和输入/输出接口电路板的结构组成。

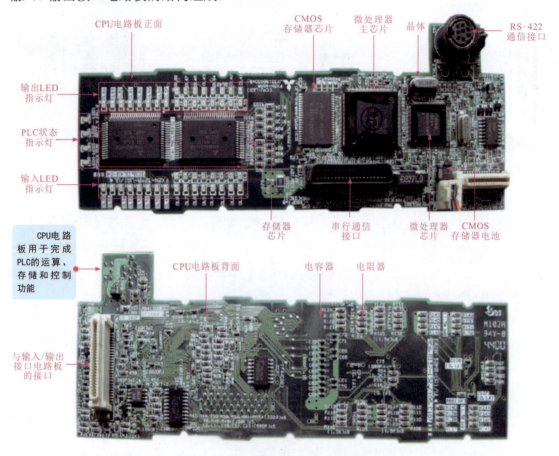

图 2-8　三菱 PLC 内部的 CPU 电路板

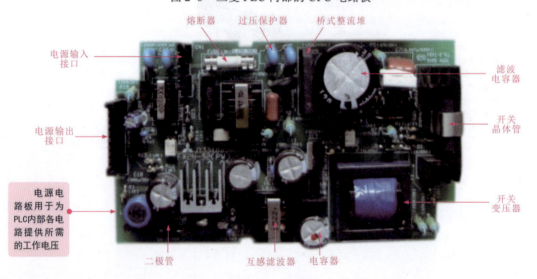

图 2-9　三菱 PLC 内部的电源电路板

图 2-10　三菱 PLC 内部的输入 / 输出接口电路板结构

不同系列、不同型号的 PLC 具有不同的规格参数。图 2-11 为三菱 FX_{2N} 系列 PLC 基本单元的类型、I/O 点数和性能参数。

三菱FX_{2N}系列PLC的基本单元主要有25种类型，每一种类型的基本单元通过I/O扩展单元都可扩展到256个I/O点；根据电源类型的不同，25种类型的FX_{2N}系列PLC基本单元可分为交流电源和直流电源

FX_{2N}基本单元

【三菱FX_{2N}系列PLC基本单元的类型及I/O点数】

AC电源、24V直流输入				
继电器输出	晶体管输出	晶闸管输出	输入点数	输出点数
FX_{2N}-16MR-001	FX_{2N}-16MT-001	FX_{2N}-16MS-001	8	8
FX_{2N}-32MR-001	FX_{2N}-32MT-001	FX_{2N}-32MS-001	16	16
FX_{2N}-48MR-001	FX_{2N}-48MT-001	FX_{2N}-48MS-001	24	24
FX_{2N}-64MR-001	FX_{2N}-64MT-001	FX_{2N}-64MS-001	32	32
FX_{2N}-80MR-001	FX_{2N}-80MT-001	FX_{2N}-80MS-001	40	40
FX_{2N}-128MR-001	FX_{2N}-128MT-001		64	64
DC电源、24V直流输入				
继电器输出	晶体管输出		输入点数	输出点数
FX_{2N}-32MR-D	FX_{2N}-32MT-D		16	16
FX_{2N}-48MR-D	FX_{2N}-48MT-D		24	24
FX_{2N}-64MR-D	FX_{2N}-64MT-D		32	32
FX_{2N}-80MR-D	FX_{2N}-80MT-D		40	40

【三菱FX_{2N}系列PLC基本单元的基本性能指标】

项目	内容
运算控制方式	存储程序、反复运算
I/O控制方式	批处理方式（在执行END指令时），可以使用输入/输出刷新指令
运算处理速度	基本指令：0.08微秒/基本指令；应用指令：1.52微秒～数百微秒/应用指令
程序语言	梯形图、语句表、顺序功能图
存储器容量	8K步，最大可扩展为16K步（可选存储器，有RAM、EPROM、EEPROM）
指令数量	基本指令：27个；步进指令：2个；应用指令：132个，309个
I/O设置	最多256点

图 2-11　三菱 FX_{2N} 系列 PLC 基本单元的类型、I/O 点数和性能参数

三菱 FX_{2N} 系列 PLC 具有高速处理功能，可扩展多种满足特殊需要的扩展单元及特殊功能模块（每个基本单元可扩展 8 个，可兼用 FX_{0N} 的扩展单元及特殊功能模块），且具有很大的灵活性和控制能力，如多轴定位控制、模拟量闭环控制、浮点数运算、开平方运算和三角函数运算等。

FX₂ₙ基本单元

扩展接口

【三菱FX₂ₙ系列PLC基本单元的输入技术指标】

项目	内容
输入电压	DC 24V
输入电流	输入端子X0～X7：7mA；其他输入端子：5mA
输入开关电流OFF→ON	输入端子X0～X7：4.5mA；其他输入端子：3.5mA
输入开关电流ON→OFF	＜1.5mA
输入阻抗	输入端子X0～X7：3.3kΩ；其他输入端子：4.3kΩ
输入隔离	光隔离
输入响应时间	0～60ms
输入状态显示	输入ON时LED灯亮

【三菱FX₂ₙ系列PLC基本单元的输出技术指标】

项目		继电器输出	晶体管输出	晶闸管输出
外部电源		AC 250V，DC 30V以下	DC 5～30V	AC 85～242V
最大负载	电阻负载	2A/1点 8A/4点COM 8A/8点COM	0.5A/1点 0.8A/4点	0.3A/1点 0.8A/4点
	感性负载	80VA	12W，DC 24V	15VA，AC 100V 30VA，AC 200V
	灯负载	100W	1.5W，DC 24V	30W
响应时间	OFF→ON	约10ms	0.2ms以下	1ms以下
	ON→OFF		0.2ms以下（24V/200mA时）	最大10ms
开路漏电流			0.1mA以下，DC 30V	1mA/AC 100V，2mA/AC 200V
电路隔离		继电器隔离	光电耦合器隔离	光敏晶闸管隔离
输出状态显示		继电器通电时LED灯亮	光电耦合器隔离驱动时LED灯亮	光敏晶闸管驱动时LED灯亮

图 2-11　三菱 FX₂ₙ 系列 PLC 基本单元的类型、I/O 点数和性能参数（续）

三菱PLC基本单元的正面标识有PLC的型号，型号中的每个字母或数字都标识不同的含义。图 2-12 为三菱 FX₂ₙ 系列 PLC 型号中各字母或数字所表示的含义。

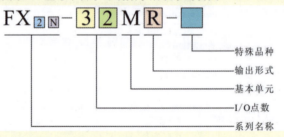

图 2-12　三菱 FX₂ₙ 系列 PLC 型号中各字母或数字所表示的含义。

系列名称：如0、2、1S、1N、2N、2NC、3U 等。

I/O点数：PLC 输入／输出的总点数，为 10～256。

基本单元：M 代表 PLC 的基本单元。

输出形式：R 为继电器输出，有触点，可带交／直流负载；

T 为晶体管输出，无触点，可带直流负载；

S 为晶闸管输出，无触点，可带交流负载。

特殊品种：D 为 DC 电源，表示 DC 输出；A 为 AC 电源，表示 AC 输入或 AC 输出模块；H 为大电流输出扩展模块；V 为立式端子排的扩展模块；C 为接插口 I/O 方式；F 表示输出滤波时间常数为 1ms 的扩展模块。

若在三菱 FX 系列 PLC 基本单元型号标识的特殊品种一项无标识，则默认为 AC 电源、DC 输入、横式端子排、标准输出。

2 三菱 PLC 的扩展单元

三菱 PLC 的扩展单元是一个独立的扩展设备，通常接在 PLC 基本单元的扩展接口或扩展插槽上，如图 2-13 所示。

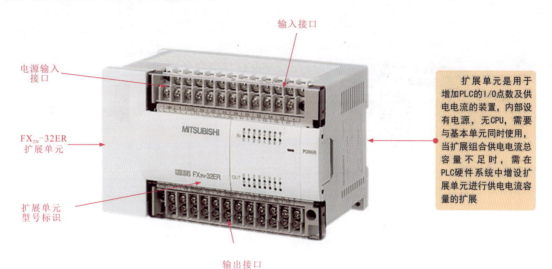

图 2-13 三菱 PLC 的扩展单元

不同系列三菱 PLC 的扩展单元类型不同，见表 2-1。三菱 FX_{2N} 系列 PLC 的扩展单元主要有 6 种类型，根据输出类型的不同，6 种类型的 FX_{2N} 系列 PLC 的扩展单元可分为继电器输出和晶体管输出两大类。

表 2-1 FX_{2N} 系列 PLC 扩展单元的类型及 I/O 点数

继电器输出	晶体管输出	I/O点总数	输入点数	输出点数	输入电压	类型
FX_{2N}-32ER	FX_{2N}-32ET	32	16	16		
FX_{2N}-48ER	FX_{2N}-48ET	48	24	24	24 V直流	漏型
FX_{2N}-48ER-D	FX_{2N}-48ET-D	48	24	24		

三菱 PLC 扩展单元正面标识型号。其型号命名规则与基本单元很相似，只是使用字母"E"标识，如图 2-14 所示。

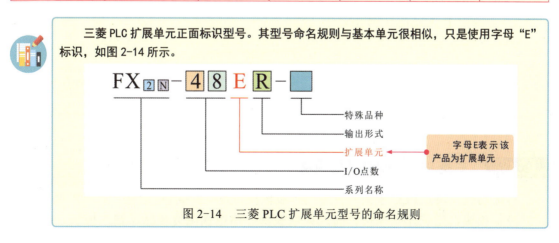

图 2-14 三菱 PLC 扩展单元型号的命名规则

3 三菱PLC的扩展模块

三菱PLC扩展模块是用于增加PLC的I/O点数及改变I/O比例的装置，内部无电源和CPU，需要与基本单元配合使用，由基本单元或扩展单元供电，如图2-15所示。

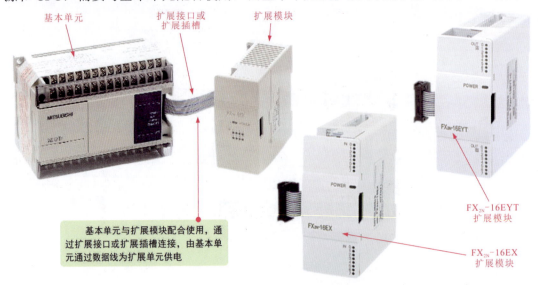

图2-15 三菱PLC的扩展模块

不同系列三菱PLC的扩展模块类型不同，见表2-2。三菱FX_{2N}系列PLC的扩展模块主要有3种类型，分别为FX_{2N}-16EX、FX_{2N}-16EYT、FX_{2N}-16EYR。

表2-2 三菱FX_{2N}系列PLC扩展模块的类型及I/O点数

型号	I/O点总数	输入点数	输出点数	输入电压	输入类型	输出类型
FX_{2N}-16EX	16	16	—	24V直流	漏型	—
FX_{2N}-16EYT	16	—	16	—	—	晶体管
FX_{2N}-16EYR	16	—	16	—	—	继电器

三菱PLC扩展模块的正面标识有扩展模块的型号。其型号命名规则与扩展单元很相似，如图2-16所示。

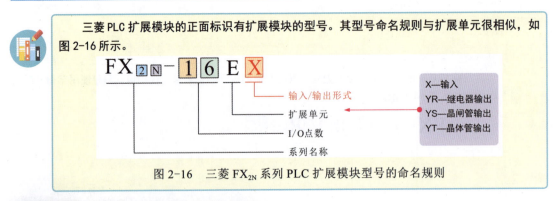

图2-16 三菱FX_{2N}系列PLC扩展模块型号的命名规则

4 三菱PLC的特殊功能模块

特殊功能模块是PLC中的一种专用扩展模块，如模拟量I/O模块、通信扩展模块、温度控制模块、定位控制模块、高速计数模块、热电偶温度传感器输入模块、凸轮控制模块等。

模拟量 I/O 模块包含模拟量输入模块和模拟量输出模块两大部分。图 2-17 为三菱 PLC 的模拟量 I/O 模块。

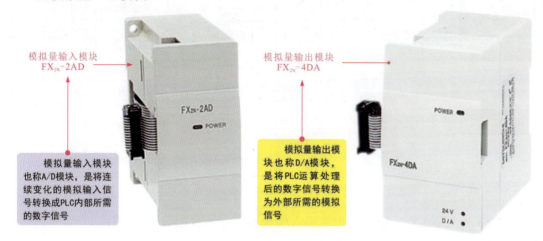

图 2-17　三菱 PLC 的模拟量 I/O 模块

图 2-18 为三菱 PLC 模拟量 I/O 模块的工作流程。生产过程现场将连续变化的模拟信号（如压力、温度、流量等模拟信号）送入模拟量输入模块中，经循环多路开关后进行 A-D 转换，再经过缓冲区 BFM 后为 PLC 提供一定位数的数字信号。PLC 将接收到的数字信号根据预先编写好的程序进行运算处理，并将运算处理后的数字信号输入到模拟量输出模块中，经缓冲区 BFM 后再进行 D-A 转换，为生产设备提供一定的模拟控制信号。

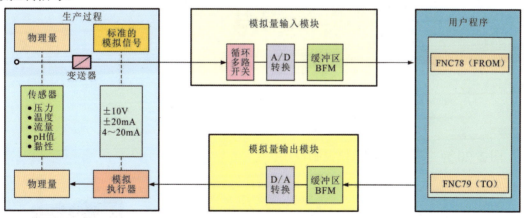

图 2-18　三菱 PLC 模拟量 I/O 模块的工作流程

在三菱 PLC 模拟量输入模块的内部，DC 24V 电源经 DC/DC 转换器转换为 ±15V 和 5V 开关电源，为模拟输入单元提供所需的工作电压，同时模拟输入单元接收 CPU 发送来的控制信号，经光耦合器后控制多路开关闭合，通道 CH1（或 CH2、CH3、CH4）输入的模拟信号经多路开关后进行 A-D 转换，再经光耦合器后为 CPU 提供一定位数的数字信号。

图 2-19 为三菱 PLC 模拟量输入模块的内部方框图。

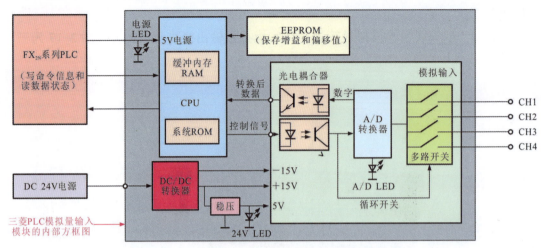

图 2-19　三菱 PLC 模拟量输入模块的内部方框图

表 2-3 为三菱 FX_{2N}-4AD 模拟量输入模块基本参数及相关性能指标。

表 2-3　三菱 FX_{2N}-4AD 模拟量输入模块基本参数及相关性能指标

【三菱FX_{2N}-4AD模拟量输入模块基本参数】	
输入通道数量	4个
最大分辨率	12位
模拟值范围	DC－10～10V（分辨率为5mV）或4～20mA，－20～20mA（分辨率为20μA）
BFM数量	32个（每个16位）
占用扩展总线数量	8个点（可分配成输入或输出）

【三菱FX_{2N}-4AD模拟量输入模块的电源指标及其他性能指标】		
项目		内容
模拟电路		DC 24V（1±10%），55mA（来自基本单元的外部电源）
数字电路		DC 5V，30mA（来自基本单元的内部电源）
耐压绝缘电压		AC 5000V，1min
模拟输入范围	电压输入	DC－10～10V（输入阻抗200kΩ）
	电流输入	DC－20～20mA（输入阻抗250Ω）
数字输出		12位的转换结果以16位二进制补码方式存储，最大值为＋2047，最小值为－2048
分辨率	电压输入	5mV（10V默认范围为1/2000）
	电流输入	20μA（20mA默认范围为1/1000）
转换速度		常速：15ms/通道；高速：6ms/通道

图 2-20 为三菱 PLC 的定位控制模块。

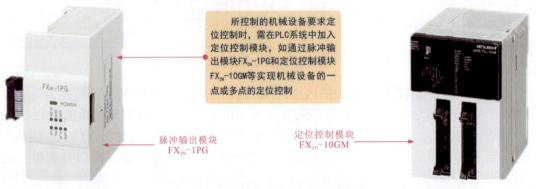

图 2-20　三菱 PLC 的定位控制模块

图 2-21 为三菱 PLC 的高速计数模块。

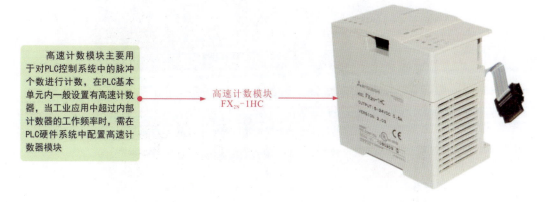

高速计数模块主要用于对 PLC 控制系统中的脉冲个数进行计数，在 PLC 基本单元内一般设置有高速计数器，当工业应用中超过内部计数器的工作频率时，需在 PLC 硬件系统中配置高速计数器模块

高速计数模块 $FX_{2N}-1HC$

图 2-21　三菱 PLC 的高速计数模块

图 2-22 为三菱 PLC 的其他扩展模块。常见三菱 PLC 产品除了上述功能模块外，还有一些其他功能的扩展模块，如热电偶温度传感器输入模块、凸轮控制模块等。

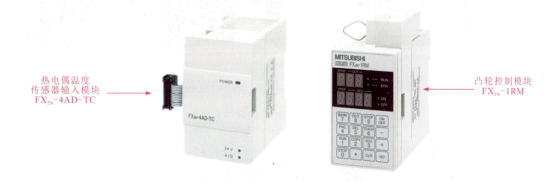

热电偶温度传感器输入模块 $FX_{2N}-4AD-TC$

凸轮控制模块 $FX_{2N}-1RM$

图 2-22　三菱 PLC 的其他扩展模块

2.1.2　西门子 PLC 的结构组成

西门子公司为了满足用户的不同要求推出了多种 PLC 产品，每种 PLC 产品可构成控制系统的硬件结构有所不同。下面以西门子常见的 S7 类 PLC 为例进行介绍。

如图 2-23 所示，西门子 PLC 的硬件系统主要包括 PLC 主机（CPU 模块）、电源模块（PS）、信号模块（SM）、通信模块（CP）、功能模块（FM）、接口模块（IM）等部分。

1　西门子 PLC 的主机（CPU 模块）

PLC 主机是构成西门子 PLC 硬件系统的核心单元，主要包括负责执行程序和存储数据的微处理器，常称为 CPU（中央处理器）模块。西门子 PLC 主机外部主要由电源输入接口、输入接口、输出接口、通信接口、PLC 状态指示灯、输入 / 输出 LED 指示灯、可选配件、传感器输出接口、检修口等构成，如图 2-24 所示。

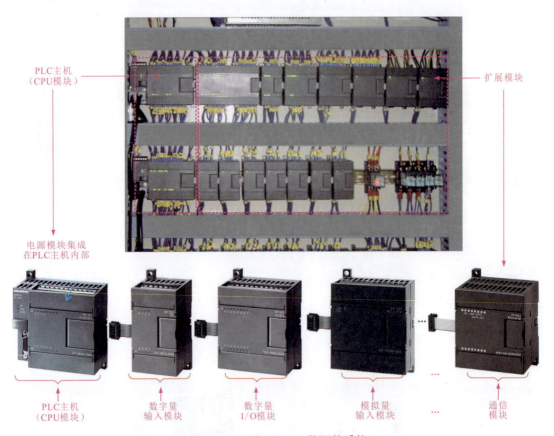

图 2-23 西门子 PLC 的硬件系统

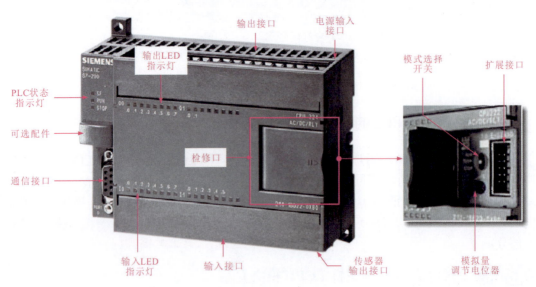

图 2-24 西门子 PLC 的主机

（1）电源和输入/输出接口。PLC 的电源接口包括 L 端、N 端和接地端，用于为 PLC 供电；输入接口通常使用 I0.0、I0.1 等进行标识；输出接口通常使用 Q0.0、Q0.1 等进行标识，如图 2-25 所示。

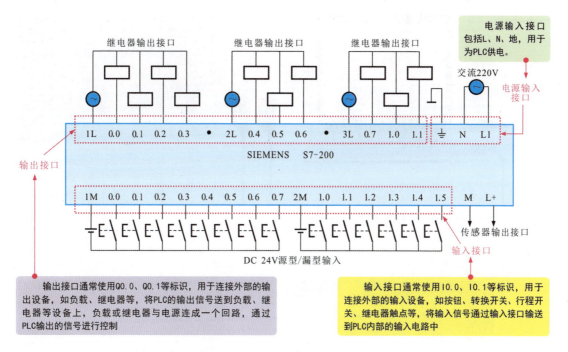

图 2-25　西门子 PLC 主机的电源接口和输入/输出接口

（2）LED 指示灯。LED 指示灯部分包括 PLC 状态指示灯、输入指示灯和输出指示灯三部分，如图 2-26 所示。

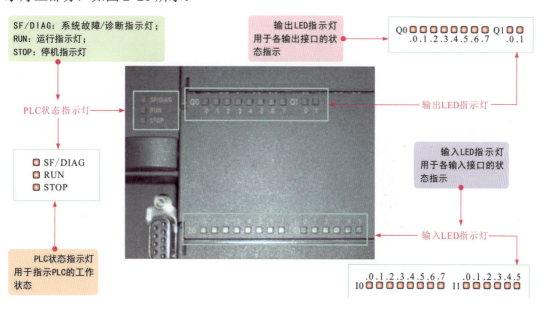

图 2-26　西门子 PLC 主机上的 LED 指示灯

（3）通信接口。西门子 S7 系列 PLC 常采用 RS-485 通信接口，如图 2-27 所示，支持 PPI 通信和自由通信协议。

（4）检修口。西门子 S7 系列 PLC 的检修口包括模式选择开关、模拟量调节电位器和扩展端口，如图 2-28 所示。

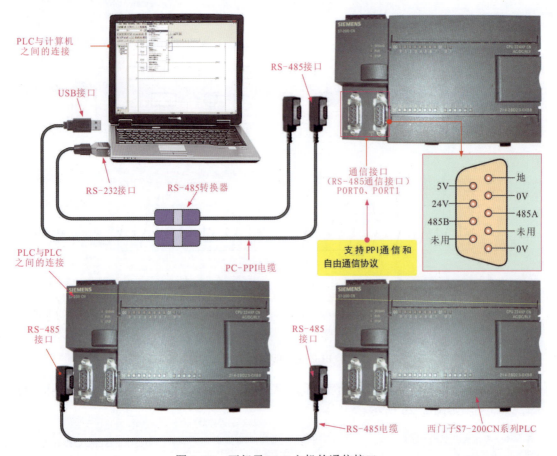

图 2-27 西门子 PLC 主机的通信接口

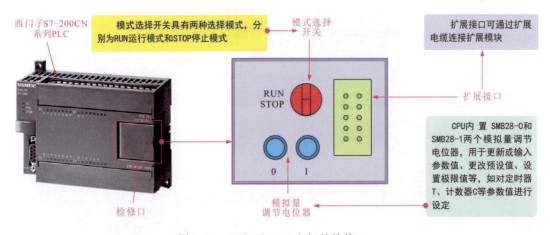

图 2-28 西门子 PLC 主机的检修口

取下西门子 PLC 的外壳即可看到内部结构。图 2-29 为西门子 S7-200 系列 PLC 的内部结构，主要由 CPU 电路板、输入/输出接口电路板和电源电路板构成。

图 2-30、图 2-31、图 2-32 分别为西门子 PLC 中 CPU 电路板、输入/输出接口电路板和电源电路板的结构组成。

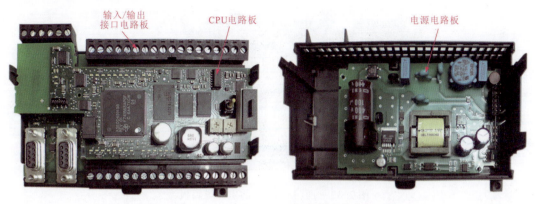

图 2-29　西门子 S7—200 系列 PLC 的内部结构

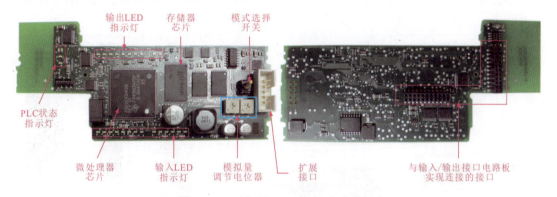

图 2-30　西门子 PLC 的 CPU 电路板

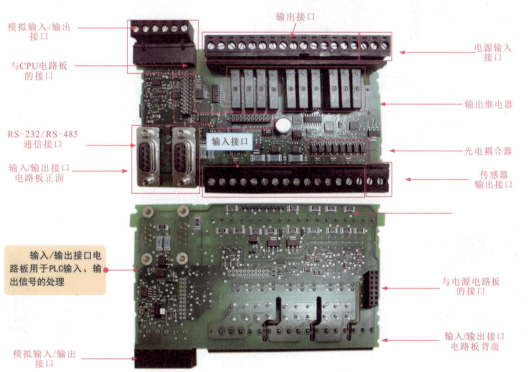

图 2-31　西门子 PLC 的输入/输出接口电路板

图 2-32　西门子 PLC 的电源电路板

西门子各系列 PLC 主机的类型和功能各不相同，且每一系列的主机又都包含多种类型的中央处理器（CPU），以适应不同的应用要求，如图 2-33 所示。

图 2-33　西门子 PLC 的 CPU 模块

2　西门子 PLC 的电源模块

电源模块是指由外部为 PLC 供电的功能单元。西门子 PLC 的电源模块主要有两种形式：一种是集成在 PLC 主机内部的电源模块；一种是独立的电源模块。

图 2-34 为西门子 PLC 两种形式的电源模块。

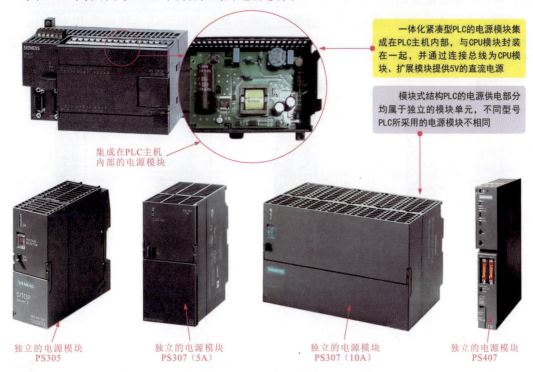

图 2-34　西门子 PLC 两种形式的电源模块

3　西门子 PLC 的接口模块

接口模块（IM）用于组成多机架系统时连接主机架（CR）和扩展机架（ER），多应用于西门子 S7-300/400 系列 PLC 系统中，如图 2-35 所示。

图 2-35　西门子 PLC 的接口模块

4　西门子 PLC 的信息扩展模块

在实际应用中，为了实现更强的控制功能，各类型的西门子 PLC 可以采用扩展 I/O 点的方法扩展系统配置和控制规模。各种扩展用的 I/O 模块被统称为信息扩展模块

（SM）。不同类型 PLC 所采用的信息扩展模块不同，但基本都包含数字量扩展模块和模拟量扩展模块。

（1）数字量扩展模块。西门子 PLC 除本机集成的数字量 I/O 端子外，可连接数字量扩展模块（DI/DO）用扩展更多的数字量 I/O 端子。数字量扩展模块包括数字量输入模块和数字量输出模块。

数字量输入模块的作用是将现场过程送来的数字高电平信号转换成 PLC 内部可识别的信号电平。在通常情况下，数字量输入模块可用于连接工业现场的机械触点或电子式数字传感器。图 2-36 为西门子 S7 系列 PLC 中常见数字量输入模块。

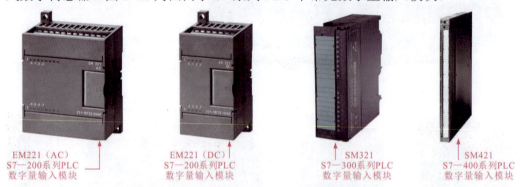

图 2-36　西门子 S7 系列 PLC 中常见数字量输入模块

数字量输出模块的作用是将 PLC 内部信号电平转换成过程所要求的外部信号电平，在通常情况下可用于直接驱动电磁阀、接触器、指示灯、变频器等外部设备和功能部件。图 2-37 为西门子 S7 系列 PLC 中常见数字量输出模块。

图 2-37　西门子 S7 系列 PLC 中常见数字量输出模块

（2）模拟量扩展模块。PLC 数字系统不能输入和处理连续的模拟量信号，由于很多自动控制系统所控制的量为模拟量，因此为使 PLC 的数字系统可以处理更多的模拟量，除本机集成的模拟量 I/O 端子外，可连接模拟量扩展模块（AI/AO）用以扩展更多的模拟量 I/O 端子。模拟量扩展模块包括模拟量输入模块和模拟量输出模块，如图 2-38 所示。

模拟量输入模块用于将现场各种模拟量测量传感器输出的直流电压或电流信号转换为 PLC 内部处理用的数字信号（核心为 A-D 转换）。电压和电流传感器、热电偶、电阻或电阻式温度计均可作为传感器与其连接。

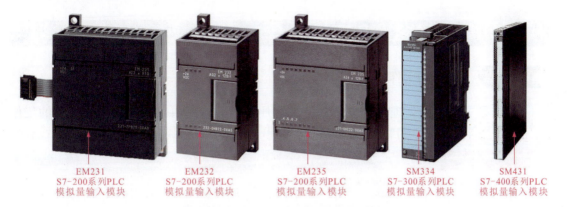

图 2-38　西门子 PLC 的模拟量扩展模块

5　西门子 PLC 的通信模块

西门子 PLC 有很强的通信功能，除 CPU 模块本身集成的通信接口外，还可扩展连接不同类型（信号）的通信模块，用以实现 PLC 与 PLC 之间、PLC 与计算机之间、PLC 与其他功能设备之间的通信，实现强大的通信功能，如图 2-39 所示。

图 2-39　西门子 PLC 的通信模块

6　西门子 PLC 的功能模块

功能模块（FM）主要用于要求较高的特殊控制任务。西门子 PLC 中常用的功能模块如图 2-40 所示。

图 2-40　西门子 PLC 的功能模块

2.2 PLC 的工作原理

2.2.1 PLC 的工作条件

PLC 是一种以微处理器为核心的可编程序控制装置，由电源电路提供所需的工作电压。图 2-41 为 PLC 的整机控制及供电过程。

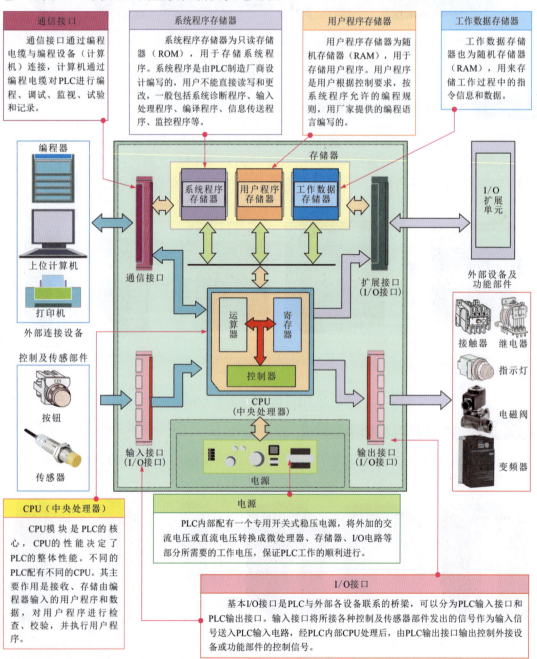

图 2-41　PLC 的整机控制及供电过程

2.2.2 PLC 的工作过程

PLC 的整个工作过程主要可以分为 PLC 用户程序的输入、PLC 内部用户程序的编译处理、PLC 用户程序的执行过程。

1 PLC 用户程序的输入

PLC 的用户程序是由工程技术人员通过编程设备（编程器）输入的，如图 2-42 所示。

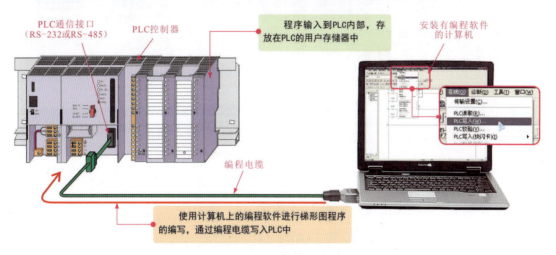

图 2-42 将计算机编程软件编写的程序输入到 PLC 中

2 PLC 内部用户程序的编译处理

将用户编写的程序存入 PLC 后，CPU 会向存储器发出控制指令，从程序存储器中调用解释程序，将编写的程序进一步编译，使其成为 PLC 认可的编译程序，如图 2-43 所示。

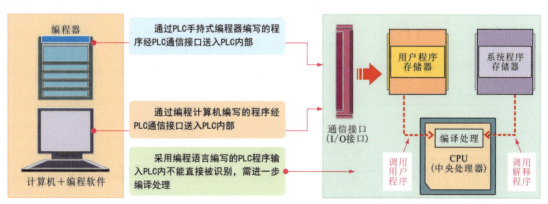

图 2-43 用户程序在 PLC 内的编译过程

3 PLC 用户程序的执行过程

用户程序的执行过程为 PLC 工作的核心内容，执行过程如图 2-44 所示。

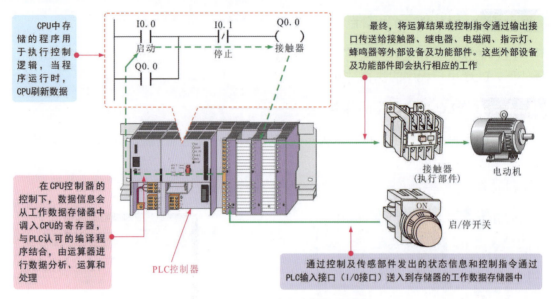

图 2-44　PLC 用户程序的执行过程

为了更清晰地了解 PLC 的工作过程，将 PLC 内部等效为三个功能电路，即输入电路、运算控制电路、输出电路，如图 2-45 所示。

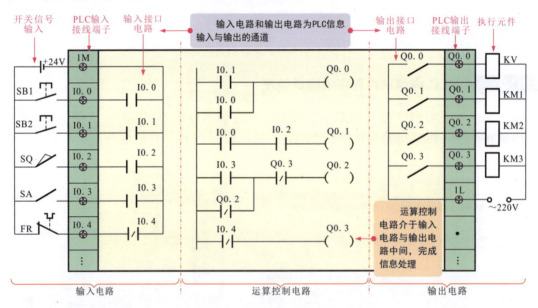

图 2-45　PLC 系统等效功能电路

（1）PLC 的输入电路。输入电路主要为输入信号采集部分，将被控对象的各种控制信息及操作命令转换成 PLC 输入信号，送给运算控制电路部分。

PLC 输入电路根据输入端电源的类型不同主要有直流输入电路和交流输入电路。

例如，典型 PLC 中的直流输入电路主要由电阻器 R1、R2、电容器 C、光耦合器 IC、发光二极管 LED 等构成，如图 2-46 所示。其中，R1 为限流电阻，R2 与 C 构成滤波电路，用于滤除输入信号中的高频干扰；光耦合器起到光电隔离的作用，防止现场的强电干扰进入 PLC 中；发光二极管用于显示输入点的状态。

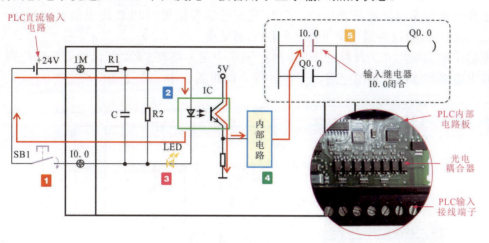

图 2-46　PLC 的直流输入电路

1. 按下 PLC 外接开关部件（按钮 SB1）。
2. PLC 内光电耦合器导通。
3. 发光二极管 LED 点亮，指示开关部件 SB1 处于闭合状态。
4. 光电耦合器输出端输出高电平，送至内部电路中。
5. CPU 识别该信号时，将用户程序中对应的输入继电器触点置 1。

　　相反，当按钮 SB1 断开时，光电耦合器不导通，发光二极管不亮，CPU 识别该信号时，将用户程序中对应的输入继电器触点置 0。

　　PLC 交流输入电路（见图 2-47）与直流输入电路基本相同，外接交流电源的大小根据不同 CPU 的类型有所不同（可参阅相应的使用手册）。

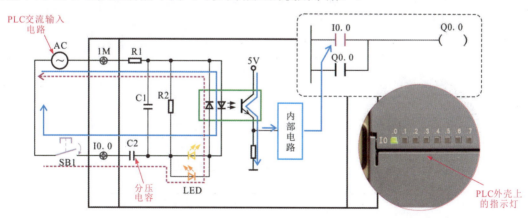

图 2-47　PLC 的交流输入电路

　　例如，在典型 PLC 交流输入电路中，电容器 C2 用于隔离交流强电中的直流分量，防止强电干扰损坏 PLC。另外，光耦合器内部为两个方向相反的发光二极管，任意一个发光二极管导通都可以使光耦合器中的光敏晶体管导通并输出相应的信号。状态指示灯也采用两个反向并联的发光二极管，光耦合器中任意一只二极管导通都能使状态指示灯点亮（直流输入电路也可以采用该结构，外接直流电源时可不用考虑极性）。

（2）PLC 的输出电路。输出电路即开关量的输出单元，由 PLC 输出接口电路、连接端子和外部设备及功能部件构成，CPU 完成的运算结果由 PLC 提供给被控负载，完成 PLC 主机与工业设备或生产机械之间的信息交换。

根据输出电路所用开关器件的不同，PLC 输出电路主要有 3 种，即晶体管输出电路、晶闸管输出电路和继电器输出电路，工作过程分别如图 2-48、图 2-49、图 2-50 所示。

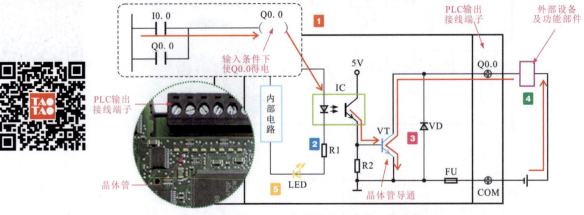

图 2-48　PLC 晶体管输出电路的工作过程

① PLC 内部电路接收到输入电路的开关量信号，使对应于晶体管 VT 的内部继电器置 1，相应输出继电器得电。
② 所对应输出电路的光电耦合器导通。
③ 晶体管 VT 导通。
④ PLC 外部设备或功能部件得电。
⑤ 状态指示灯 LED 点亮，表示当前该输出点状态为 1。

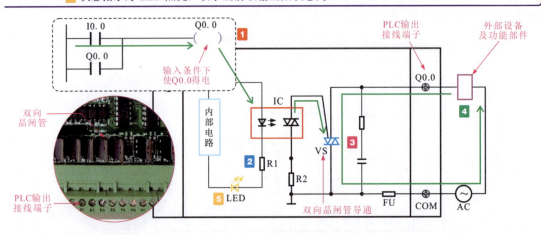

图 2-49　PLC 晶闸管输出电路的工作过程

① PLC 内部电路接收到输入电路的开关量信号，使对应于双向晶闸管 VS 的内部继电器置 1，相应输出继电器得电。
② 所对应输出电路的光电耦合器导通。
③ 双向晶闸管 VS 导通。
④ PLC 外部设备或功能部件得电。
⑤ 状态指示灯 LED 点亮，表示当前该输出点状态为 1。

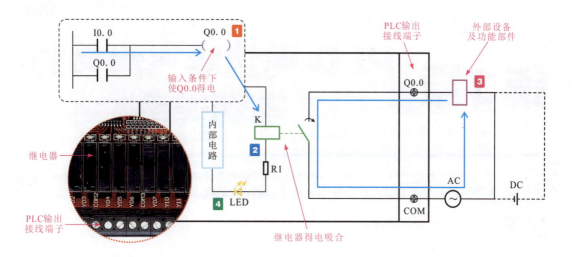

图 2-50　PLC 继电器输出电路的工作过程

1 PLC 内部电路接收到输入电路的开关量信号，使对应于继电器 K 的内部继电器置 1，相应输出继电器得电。
2 继电器 K 线圈得电，其常开触点闭合。
3 PLC 外部设备或功能部件得电。
4 状态指示灯 LED 点亮，表示当前该输出点状态为 1。

上述三种 PLC 输出电路都有各自的特点，可作为选用 PLC 时的重要参考因素，使 PLC 控制系统达到最佳控制状态。表 2-4 为三种 PLC 输出电路的比较。

表 2-4　三种 PLC 输出电路的比较

输出电路类型	电源类型	特点
晶体管输出电路	直流	● 无触点开关、使用寿命长，适用于需要输出点频繁通、断的场合 ● 响应速度快
晶闸管输出电路	直流或交流	● 无触点开关，适用于需要输出点频繁通、断的场合 ● 多用于驱动交流功能部件 ● 驱动能力比继电器大，可直接驱动小功率接触器 ● 响应时间介于晶体管和继电器型之间
继电器输出电路	直流或交流	● 有触点开关，触点电气使用寿命一般为10万～30万次，不适于需要输出点频繁通、断的场合 ● 既可驱动交流功能部件，也可驱动直流功能部件 ● 继电器型输出电路输出与输入存在时间延迟，滞后时间一般约为10 ms

常见 PLC 根据输入电路或输出电路公共端子接线方式可分为共点式、分组式、隔离式：
◆ 共点式输入或输出电路是指输入或输出电路中所有 I/O 点共用一个公共端子；
◆ 分组式输入或输出电路是指将输入或输出电路中所有 I/O 点分为若干组，每组各共用一个公共端子；
◆ 隔离式输入或输出电路是指具有公共端子的各组输入或输出点之间互相隔离，可各自使用独立的电源。

第3章 PLC 周边电气部件的控制关系

3.1 电源开关的功能特点

3.1.1 电源开关的结构

电源开关在 PLC 控制电路中主要用于接通或断开整个电路系统的供电电源。目前，PLC 控制电路常采用断路器作为电源开关。

如图 3-1 所示，断路器是一种切断和接通负荷电路的器件，具有过载自动断路保护的功能。

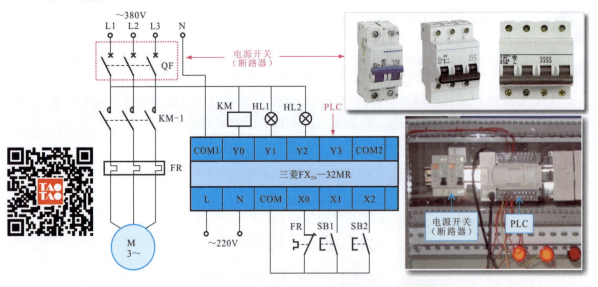

图 3-1 PLC 控制电路中的电源开关（断路器）

断路器作为线路的通、断控制部件，从外观来看，主要由输入端子、输出端子、操作手柄构成，如图 3-2 所示。

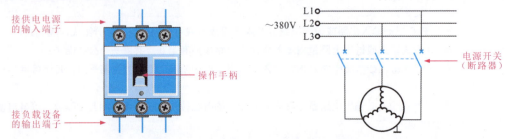

图 3-2 电源开关（断路器）的外部结构

断路器输入端子、输出端子分别连接供电电源和负载设备。开关手柄用于控制断路器内开关触点的通、断状态。

拆开断路器的塑料外壳可以看到，主要是由塑料外壳、脱扣器装置、触点、接线端子、操作手柄等部分构成的，如图3-3所示。

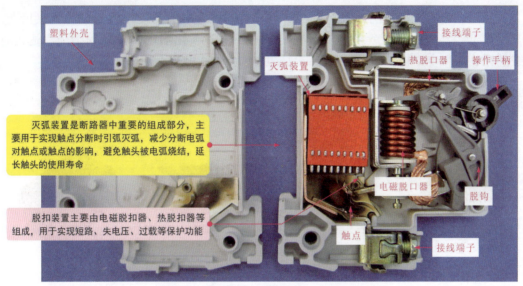

图3-3　电源开关（断路器）的内部结构

3.1.2　电源开关的控制过程

电源开关的控制过程就是内部触点接通或切断两侧线路的过程，如图3-4所示。当电源开关未动作时，内部常开触点处于断开状态，切断供电电源，负载设备无法获得电源；拨动电源开关的操作手柄，内部常开触点处于闭合状态，供电电源经电源开关后送入电路中，负载设备得电。

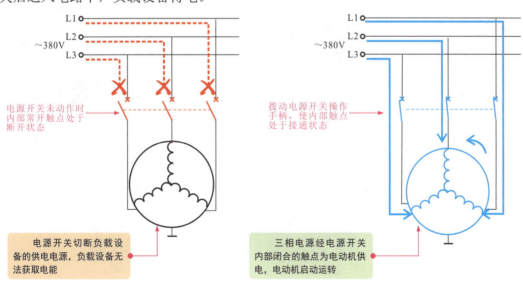

图3-4　电源开关（断路器）的控制过程

3.2 按钮的功能特点

3.2.1 按钮的结构

按钮是一种手动操作的电气开关，在PLC控制系统中主要接在PLC的输入接口上，用来发出远距离控制信号或指令，向PLC内控制程序发出启动、停止等指令，达到对负载的控制，如电动机的启动、停止、正/反转。

常见的按钮根据触点通、断状态不同，有常开按钮、常闭按钮和复合按钮三种，如图3-5所示。

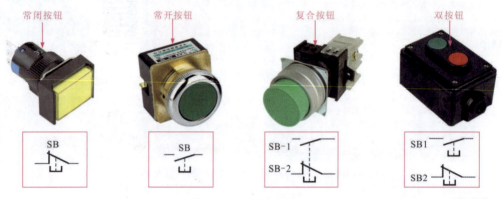

图 3-5　常见的按钮

不同类型按钮的内部触点初始状态不同，拆开外壳可以看到，主要是由按钮帽（操作头）、连杆、复位弹簧、动触点、常开静触点或常闭静触点等组成的。

图3-6为常见按钮的结构组成。

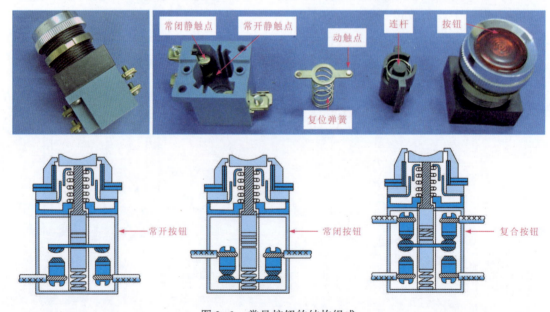

图 3-6　常见按钮的结构组成

3.2.2 按钮的控制过程

按钮的控制关系比较简单，主要通过内部触点的闭合、断开状态控制线路的接通、断开。根据按钮的结构不同，其控制过程有一定的差别。

1 常开按钮的控制过程

在 PLC 控制电路中，常用的常开按钮主要为不闭锁的常开按钮。图 3-7 为其电气连接关系。图 3-8 为其控制过程，即在按下按钮前内部触点处于断开状态，按下时内部触点处于闭合状态；当手指放松后，按钮自动复位断开，常用作启动控制按钮。

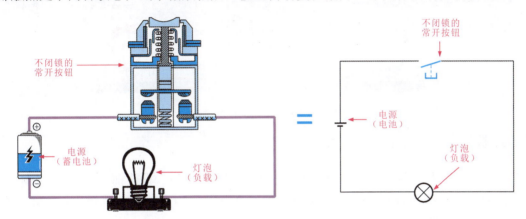

图 3-7 常开按钮的电气连接关系

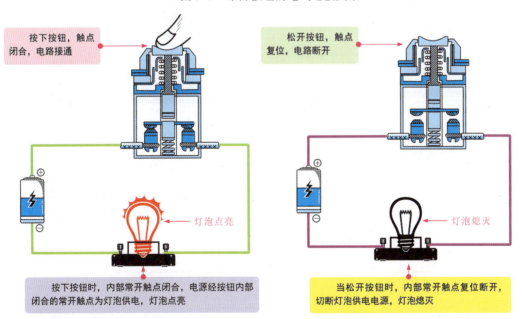

图 3-8 常开按钮的控制过程

2 常闭按钮的控制过程

在 PLC 控制电路中，常用的常闭按钮主要为不闭锁的常闭按钮。其控制过程如

图 3-9 所示，即在按下按钮前内部触点处于闭合状态；按下按钮后，内部触点断开；松开按钮后，触点又自动复位闭合，常被用作停止控制按钮。

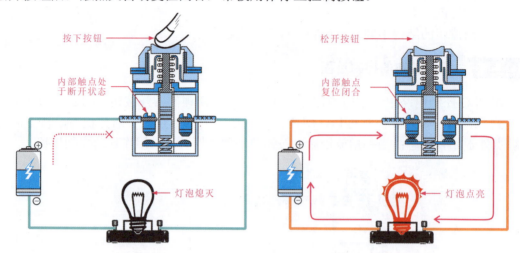

图 3-9 常闭按钮的控制过程

3 复合按钮的控制过程

复合按钮内部有两组触点，分别为常开触点和常闭触点。操作前，常闭触点闭合、常开触点断开；按下按钮后，常闭触点断开、常开触点闭合；松开按钮后，常闭触点复位闭合、常开触点复位断开。

图 3-10 为复合按钮的控制过程。

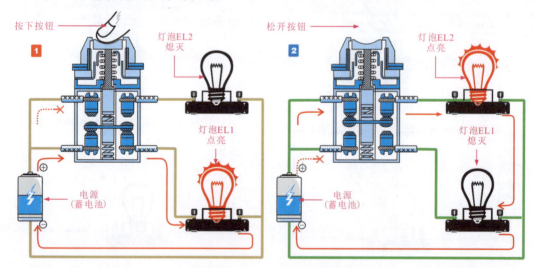

图 3-10 复合按钮的控制过程

❶ 按下按钮，常开触点闭合，接通灯泡 EL1 的供电电源，灯泡 EL1 点亮；常闭触点断开，切断灯泡 EL2 的供电电源，灯泡 EL2 熄灭。

❷ 松开按钮，常开触点复位断开，切断灯泡 EL1 的供电电源，灯泡 EL1 熄灭；常闭触点复位闭合，接通灯泡 EL2 的供电电源，灯泡 EL2 点亮。

3.3 限位开关的功能特点

3.3.1 限位开关的结构

限位开关又称行程开关或位置检测开关,是一种小电流电气开关,可用来限制机械运动的行程或位置,使运动机械实现自动控制。

限位开关按结构的不同可以分为按钮式、单轮旋转式和双轮旋转式,如图3-11所示。

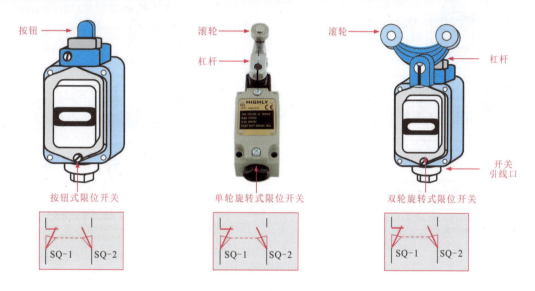

图 3-11 常见的限位开关

限位开关根据类型不同,内部结构也有所不同,但基本都是由杠杆(或滚轮及触杆)、复位弹簧、常开/常闭触点等部分构成的,如图3-12所示。

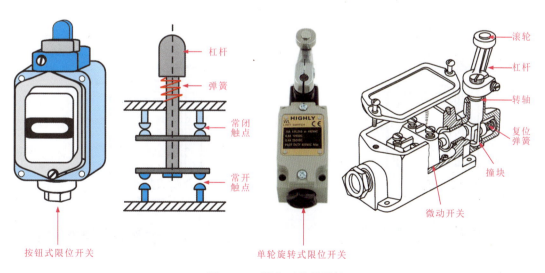

图 3-12 限位开关的结构

3.3.2 限位开关的控制过程

按钮式限位开关由按钮触杆的按压状态控制内部常开触点和常闭触点的接通或闭合。图 3-13 为按钮式限位开关的控制过程,当撞击或按下按钮式限位开关的触杆时,触杆下移,使常闭触点断开,常开触点闭合;当运动部件离开后,在复位弹簧的作用下,触杆回复到原来位置,各触点恢复常态。

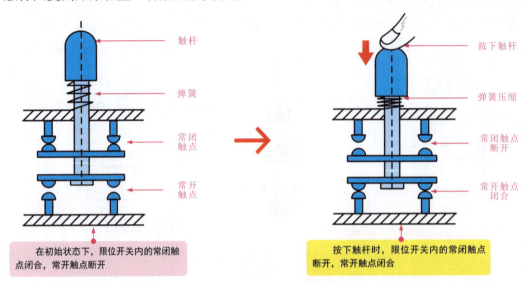

图 3-13 按钮式限位开关的控制过程

单轮或双轮旋转式限位开关的控制过程基本相同,如图 3-14 所示。当单轮旋转式限位开关被受控器件撞击带有滚轮的触杆时,触杆转向右边,带动凸轮转动,顶下推杆,使微动开关中的触点迅速动作。当运动机械返回时,在复位弹簧的作用下,各部分动作部件均恢复初始状态。

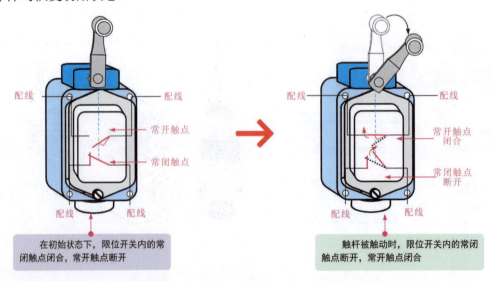

图 3-14 单轮旋转式限位开关的控制过程

3.4 接触器的功能特点

3.4.1 接触器的结构

接触器是一种由电压控制的开关装置，适用于远距离频繁地接通和断开交直流电路的系统中。接触器属于一种控制类器件，是电力拖动系统、机床设备控制电路、PLC自动控制系统中使用最广泛的低压电器之一。

接触器根据触点通过电流的种类主要可分为交流接触器和直流接触器，如图3-15所示。

图 3-15 常见的接触器

接触器作为一种电磁开关，其内部主要是由控制电路接通与分断的主触点、辅触点及电磁线圈、静铁芯、动铁芯等部分构成的。拆开接触器的塑料外壳即可看到内部的基本结构，如图3-16所示。

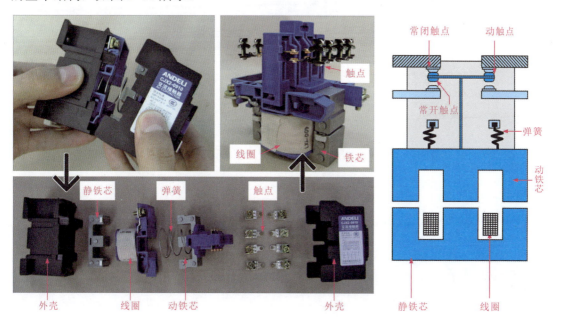

图 3-16 接触器的内部结构

3.4.2 接触器的控制过程

接触器的工作过程就是通过内部线圈的得电、失电控制铁芯吸合、释放,从而带动触点动作的过程。

在一般情况下,接触器线圈连接在控制电路或PLC输出接口上,接触器的主触点连接在主电路中,控制设备的通、断,如图3-17所示。

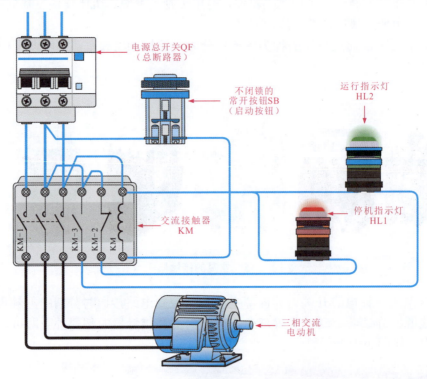

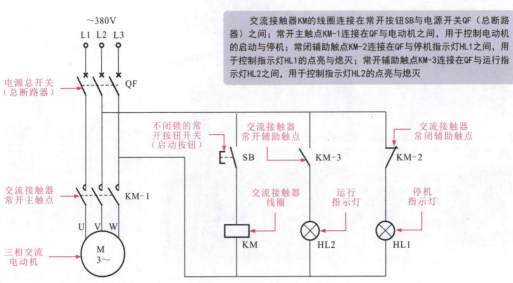

图 3-17 接触器的控制关系

图 3-18 为接触器在典型点动控制电路中的控制过程。当操作接触器所在线路中的启动按钮后，接触器线圈得电，铁芯吸合，带动常开触点闭合，常闭触点断开；当线圈失电时，其铁芯释放，所有触点复位。

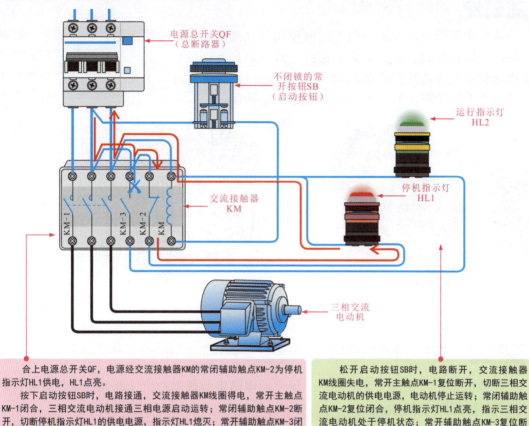

合上电源总开关QF，电源经交流接触器KM的常闭辅助触点KM-2为停机指示灯HL1供电，HL1点亮。

按下启动按钮SB时，电路接通，交流接触器KM线圈得电，常开主触点KM-1闭合，三相交流电动机接通三相电源启动运转；常闭辅助触点KM-2断开，切断停机指示灯HL1的供电电源，指示灯HL1熄灭；常开辅助触点KM-3闭合，运行指示灯HL2点亮，指示三相交流电动机处于工作状态

松开启动按钮SB时，电路断开，交流接触器KM线圈失电，常开主触点KM-1复位断开，切断三相交流电动机的供电电源，电动机停止运转；常闭辅助触点KM-2复位闭合，停机指示灯HL1点亮，指示三相交流电动机处于停机状态；常开辅助触点KM-3复位断开，切断运行指示灯HL2的供电电源，指示灯HL2熄灭

图 3-18 接触器在典型点动控制电路中的控制过程

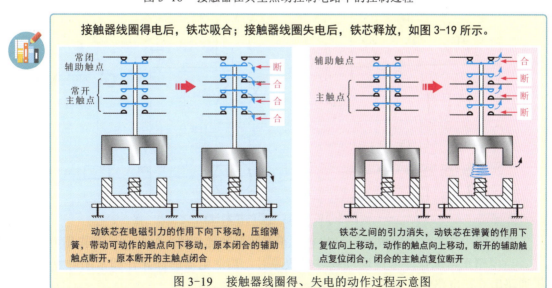

图 3-19 接触器线圈得、失电的动作过程示意图

3.5 热继电器的功能特点

3.5.1 热继电器的结构

热继电器是利用电流的热效应原理实现过热保护的一种继电器，是一种电气保护元件，主要由复位按钮、热感应器件（双金属片）、触点、动作机构等部分组成。热继电器利用电流的热效应推动动作机构使触点闭合或断开，主要用于电动机及其他电气设备的过载保护。图3-20为热继电器的结构组成。

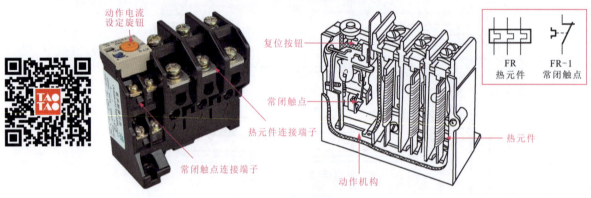

图3-20　热继电器的结构组成

3.5.2 热继电器的控制过程

热继电器一般安装在主电路中，用于主电路中负载电动机（或其他电气设备）的过载保护，如图3-21所示。

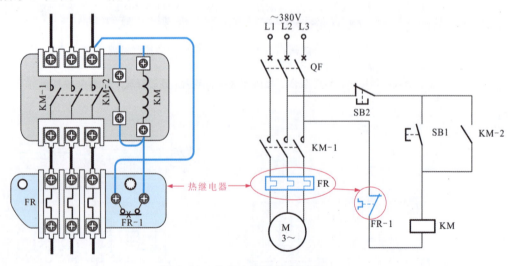

图3-21　热继电器的控制过程

在电路中，热继电器根据运行状态（正常情况和异常情况）起到控制作用。

当电路正常工作，未出现过载过热故障时，热继电器的热元件和常闭触点都相当于通路串联在电路中，如图3-22所示。

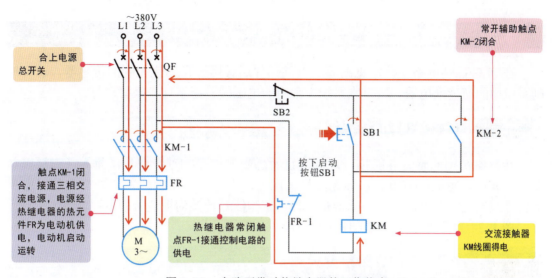

图 3-22　电路正常时热继电器的工作状态

 在正常情况下，合上电源总开关 QF，按下启动按钮 SB1，热继电器的常闭触点 FR-1 接通控制电路的供电，交流接触器 KM 线圈得电，常开主触点 KM-1 闭合，接通三相交流电源，电源经热继电器的热元件 FR 为三相交流电动机供电，三相交流电动机启动运转；常开辅助触点 KM-2 闭合，实现自锁功能，即使松开启动按钮 SB1，三相交流电动机仍能保持运转状态。

当电路异常导致电路电流过大时，其引起的热效应将引起热继电器中的热元件动作，常闭触点将断开，断开控制部分，切断主电路电源，起到保护作用，如图 3-23 所示。

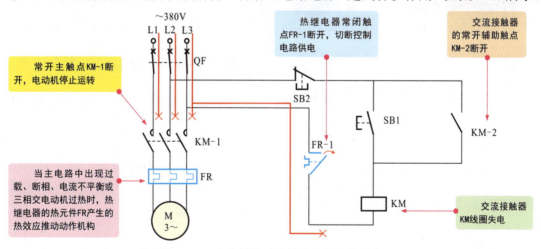

图 3-23　电路异常时热继电器的工作状态

 主电路中出现过载或过热故障，导致电流过大，当电流超过热继电器的设定值，并达到一定时间后，热继电器的热元件 FR 产生的热效应可推动动作机构使常闭触点 FR-1 断开，切断控制电路的供电电源，交流接触器 KM 线圈失电，常开主触点 KM-1 复位断开，切断电动机的供电电源，电动机停止运转，常开辅助触点 KM-2 复位断开，解除自锁功能，实现对电路的保护作用。

待主电路中的电流正常或三相交流电动机的温度逐渐冷却后，热继电器 FR 的常闭触点 FR-1 复位闭合，再次接通电路，此时只需重新启动电路，三相交流电动机便可启动运转。

3.6 其他常用电气部件的功能特点

在PLC控制电路中，常见的周边电气部件还有用于自动化控制的传感器、速度控制系统中的速度继电器、给排水系统中常用的电磁阀、指示灯、报警器等。

3.6.1 传感器的功能特点

传感器是指能感受并能按一定规律将所感受的被测物理量或化学量等（如温度、湿度、光线、速度、浓度、位移、重量、压力、声音等）转换成便于处理与传输电量的器件或装置。简单地说，传感器是一种将感测信号转换为电信号的器件。

图3-24为几种常见传感器的实物外形。

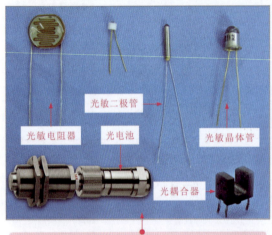

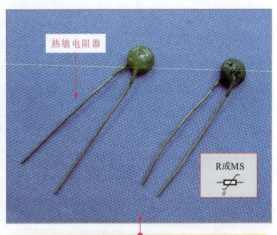

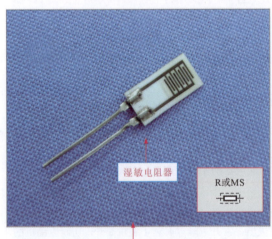

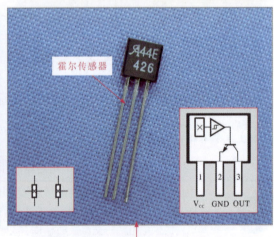

图3-24 几种常见传感器的实物外形

3.6.2 速度继电器的功能特点

速度继电器主要与接触器配合使用，实现电动机控制系统的反接制动。常用的速度继电器主要有JY1型、JFZ0-1型和JFZ0-2型，如图3-25所示。

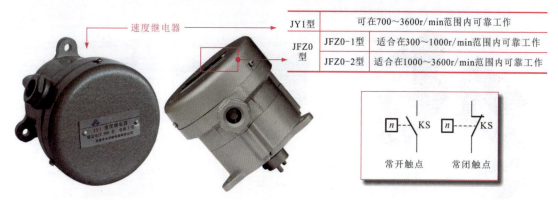

图3-25 常用速度继电器的实物外形

速度继电器主要是由转子、定子和触点三部分组成的，在电路中通常用字母"KS"表示。速度继电器常用于三相异步电动机反接制动电路中，如图3-26所示，工作时，其转子和定子是与电动机相连接的。当电动机的相序改变，反相转动时，速度继电器的转子也随之反转，由于产生与实际转动方向相反的旋转磁场，从而产生制动力矩，这时速度继电器的定子就可以触动另外一组触点，使其断开或闭合。

当电动机停止时，速度继电器的触点即可恢复原来的静止状态。

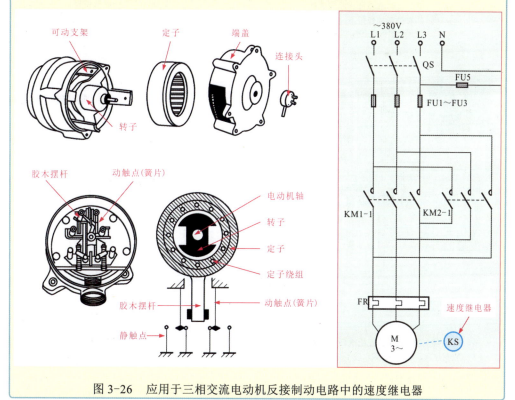

图3-26 应用于三相交流电动机反接制动电路中的速度继电器

3.6.3 电磁阀的功能特点

电磁阀是一种用电磁控制的电气部件，可作为控制流体的自动化基础执行器件，在 PLC 自动化控制领域中可用于调整介质（液体、气体）的方向、流量、速度等参数。图 3-27 为典型电磁阀的实物外形。

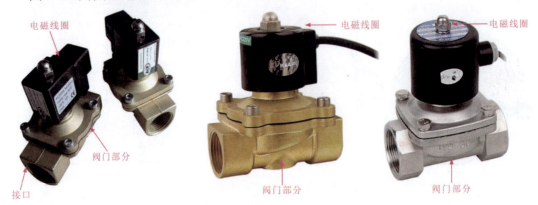

图 3-27　典型电磁阀的实物外形

电磁阀的种类多种多样，具体的控制过程也不相同。以常见给排水用的弯体式电磁阀为例。电磁阀工作的过程就是通过电磁阀线圈的得电、失电来控制内部机械阀门开、闭的过程，如图 3-28 所示。

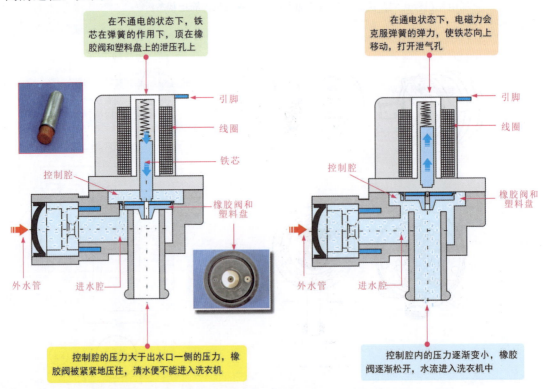

图 3-28　典型弯体式电磁阀的控制过程

3.6.4 指示灯的功能特点

指示灯是一种用于指示线路或设备的运行状态、警示等作用的指示部件。图3-29为典型指示灯的实物外形。

图3-29 典型指示灯的实物外形

指示灯的控制过程比较简单,通常获得供电电压即可点亮;失去工作电压即熄灭;在一定设计程序的控制下还可实现闪烁状态,用以指示某种特定含义。

图3-30为指示灯的控制关系。

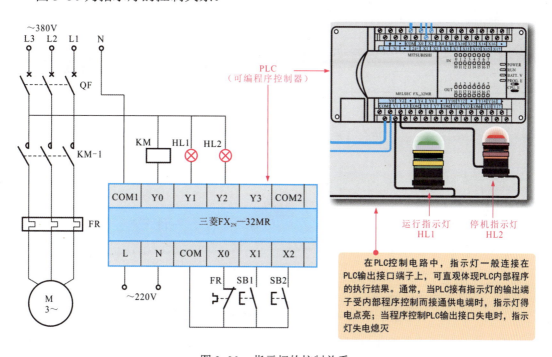

图3-30 指示灯的控制关系

第4章　PLC 的编程语言

4.1　PLC 梯形图

PLC 梯形图是 PLC 程序设计中最常用的一种编程语言。它继承了继电器控制线路的设计理念，采用图形符号的连接图形式直观形象地表达电气线路的控制过程。电气控制线路与 PLC 梯形图的对应关系如图 4-1 所示。

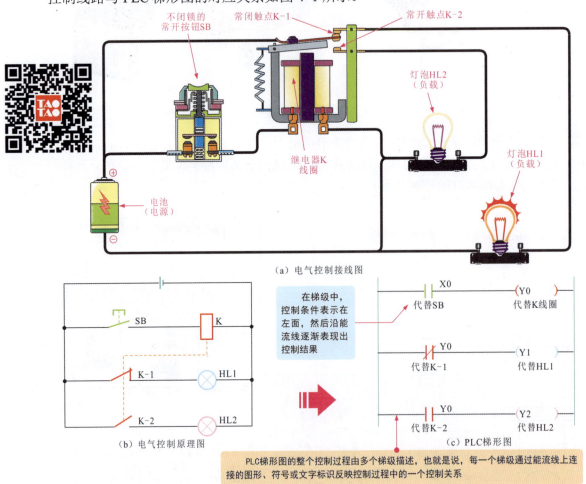

图 4-1　电气控制线路与 PLC 梯形图的对应关系

从电气控制原理图到 PLC 梯形图，整个程序设计保留了电气控制原理图的风格。在 PLC 梯形图中，特定的符号和文字标识标注了控制线路各电气部件及其工作状态。

这种编程设计习惯非常直观、形象，与电气线路图十分对应，控制关系一目了然。PLC梯形图在电气控制系统的设计、调试、改造及检修中着重要的意义。

 由于PLC生产厂家的不同，PLC梯形图中所定义的触点符号、线圈符号及文字标识等所表示的含义不同。例如，三菱公司生产的PLC就要遵循三菱PLC梯形图编程标准，西门子公司生产的PLC就要遵循西门子PLC梯形图编程标准，具体要以设备生产厂商的标准为依据。

4.1.1 梯形图的构成及符号含义

梯形图的构成元素包括母线、触点和线圈，如图4-2所示。

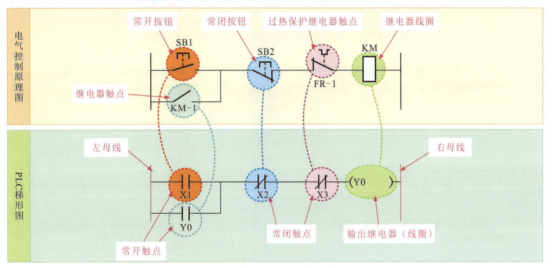

图4-2 梯形图的构成

 左、右的垂直线被称为左、右母线；触点对应电气控制原理图中的开关、按钮、继电器或接触器触点等电气部分；线圈对应电气控制原理图中的继电器或接触器线圈等，用来控制外部的指示灯、电动机等输出元件。

1 母线

梯形图中两侧的竖线被称为母线，如图4-3所示。通常假设左母线代表电源的正极，右母线代表电源的负极。

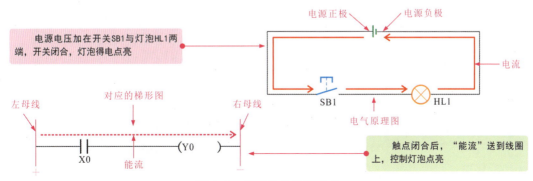

图4-3 母线的含义及特点

在电气原理图中,电流由电源的正极流出,经开关 SB1 加到灯泡 HL1 上,最后流入电源的负极构成一个完整的回路。在电气原理图所对应的梯形图中,假定左母线代表电源的正极,右母线代表电源的负极,母线之间有"能流"(代表电流)从左向右流动,即"能流"由左母线经触点 X0 加到线圈 Y0 上,与右母线构成一个完整的回路。

2 触点

在 PLC 的梯形图中有两类触点,分别为常开触点和常闭触点,触点的通、断情况与触点的逻辑赋值有关,如图 4-4 所示。

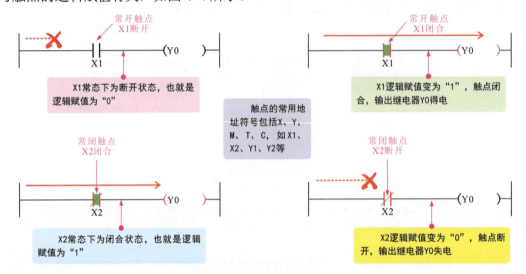

图 4-4 触点的含义及特点

若逻辑赋值为"0"或"OFF",则常开、常闭触点都断开;若逻辑赋值为"1"或"ON",则常开、常闭触点都闭合。

3 线圈

PLC 梯形图中的线圈种类有很多,如输出继电器线圈、辅助继电器线圈、定时器线圈等,线圈的得、失电情况与线圈的逻辑赋值有关,如图 4-5 所示。

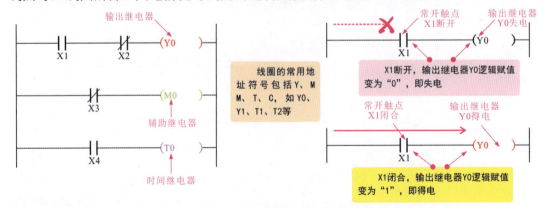

图 4-5 线圈的含义及特点

4.1.2 梯形图中的继电器

PLC梯形图内的图形和符号代表许多不同功能的元件。这些图形和符号并不是真正的物理元件，而是由电子电路和存储器组成的软元件，如X代表输入继电器，是由输入电路和输入映像寄存器构成的，用于直接为PLC输入物理量；Y代表输出继电器，是由输出电路和输出映像寄存器构成的，用于从PLC中直接输出物理量；T代表定时器、M代表辅助继电器、C代表计数器、S代表状态继电器、D代表数据寄存器，它们都是由存储器构成的，用于PLC内部的运算。

1 输入、输出继电器

输入继电器常使用字母X标识，与PLC的输入端子相连；输出继电器常使用字母Y标识，与PLC的输出端子相连，如图4-6所示。

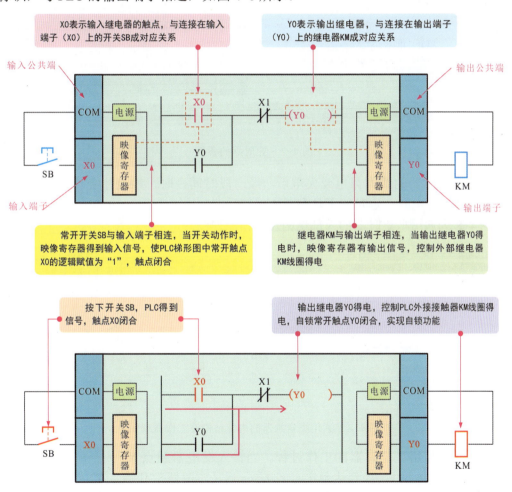

图4-6 输入、输出继电器的特点

2 定时器

PLC梯形图中的定时器相当于电气控制线路中的时间继电器，常使用字母T标识。

不同品牌型号 PLC 的定时器种类不同。下面将以三菱 FX_{2N} 系列 PLC 定时器为例进行介绍。

三菱 FX_{2N} 系列 PLC 定时器可分为通用型定时器和累计型定时器。不同类型、不同号码的定时器所对应的分辨率等级不同，如图 4-7 所示。

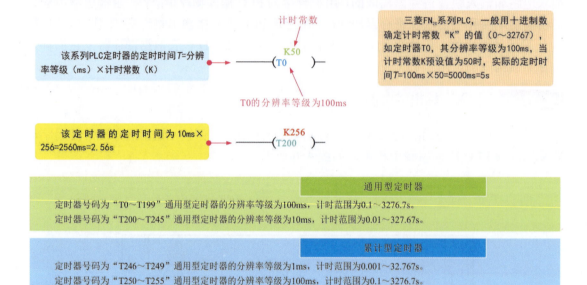

图 4-7　定时器的参数

通用型定时器的线圈得电或失电后，经一段时间延时，触点才会相应动作，当输入电路断开或停电时，定时器不具有断电保持功能。

图 4-8 为通用型定时器的内部结构及工作原理图。

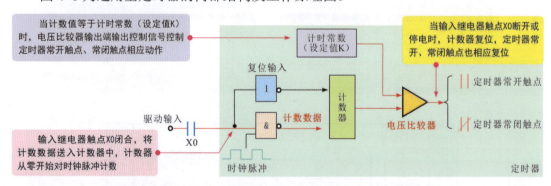

图 4-8　通用型定时器的内部结构及工作原理图

图 4-9 为通用型定时器的工作过程。当输入继电器触点 X1 闭合时，定时器线圈 T200 得电，开始计时。当到达预定时间 2.56s 后，定时器常开触点 T200 闭合，输出继电器线圈 Y1 得电。

累计型定时器与通用型定时器不同的是，累计型定时器在定时过程中断电或输入电路断开时，定时器具有断电保持功能，能够保持当前计数值，当通电或输入电路闭合时，定时器会在保持当前计数值的基础上继续累计计数。

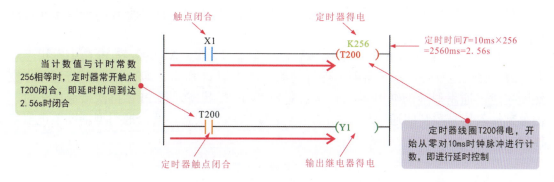

图 4-9 通用型定时器的工作过程

图 4-10 为累计型定时器的内部结构及工作原理图。

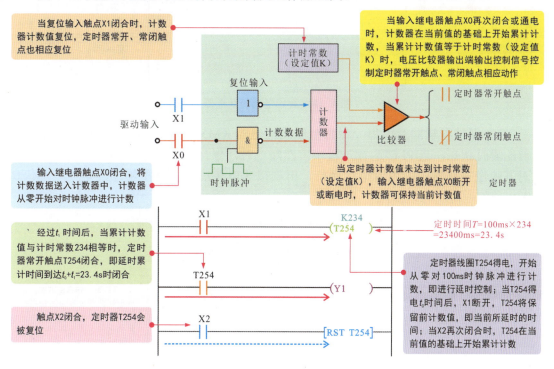

图 4-10 累计型定时器的内部结构及工作原理图

 　　当输入继电器触点 X1 闭合时，定时器线圈 T254 得电，开始计时；当定时器线圈 T254 得电 t_0 时间后，X1 断开，T254 将保留计时时间；当 X1 再次闭合时，T254 在当前时间的基础上开始累计计时，经过 t_1 时间后到达预定时间 23.4s 时，定时器常开触点 T254 闭合，输出继电器线圈 Y1 得电。当复位输入触点 X2 闭合时，定时器 T254 被复位，当前值变为零，常开触点 T254 也随之复位断开。

3　辅助继电器

PLC 梯形图中的辅助继电器相当于电气控制线路中的中间继电器，常使用字母 M 标识，是 PLC 编程中应用较多的一种软元件。辅助继电器不能直接读取外部输入，也不能直接驱动外部负载，只能作为辅助运算。

辅助继电器根据功能的不同可分为通用型辅助继电器、保持型辅助继电器和特殊型辅助继电器三种。

（1）通用型辅助继电器。通用型辅助继电器（M0～M499）在 PLC 中常用于辅助运算、移位运算等，不具备断电保持功能，如图 4-11 所示，即在 PLC 运行过程中突然断电时，通用型辅助继电器线圈全部变为"OFF"状态，当 PLC 再次接通电源时，由外部输入信号控制的通用型辅助继电器变为"ON"状态，其余通用型辅助继电器均保持"OFF"状态。

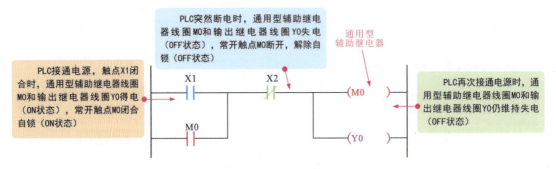

图 4-11　通用型辅助继电器

（2）保持型辅助继电器。保持型辅助继电器（M500～M3071）能够记忆电源中断前的瞬时状态，当 PLC 运行过程中突然断电时，保持型辅助继电器可使用备用锂电池对其映像寄存器中的内容进行保持，再次接通电源后，保持型辅助继电器线圈仍保持断电前的瞬时状态，如图 4-12 所示。

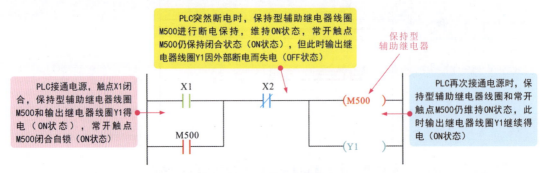

图 4-12　保持型辅助继电器

（3）特殊型辅助继电器。特殊型辅助继电器（M8000～M8255）具有特殊功能，如设定计数方向、禁止中断、PLC 的运行方式、步进顺控等，如图 4-13 所示。

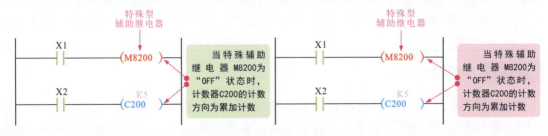

图 4-13　特殊型辅助继电器

4 计数器

PLC 梯形图中的计数器常使用字母 C 标识。下面以三菱 FX_{2N} 系列 PLC 计数器为例进行介绍。该系列 PLC 计数器根据记录开关量的频率可分为内部信号计数器和外部高速计数器。内部信号计数器可分为 16 位加计数器和 32 位加 / 减计数器。这两种类型的计数器又分别可分为通用型计数器和累计型计数器两种，图 4-14 为内部信号计数器的参数。

图 4-14　内部信号计数器的参数

图 4-15 为通用型 16 位加计数器的工作过程。

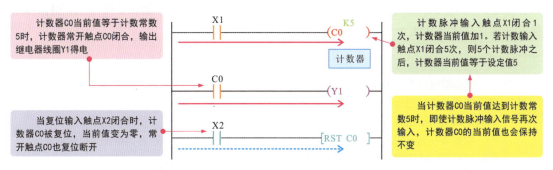

图 4-15　通用型 16 位加计数器的工作过程

累计型 16 位加计数器与通用型 16 位加计数器的工作过程基本相同。不同的是，累计型计数器在计数过程中断电后，计数器具有断电保持功能，能够保持当前的计数值，通电时，计数器会在保持当前计数值的基础上继续累计计数。

图 4-16 为 32 位加 / 减计数器的工作过程。32 位加 / 减计数器具有双向计数功能，其计数方向是由特殊辅助继电器 M8200 ～ M8234 进行设定的。

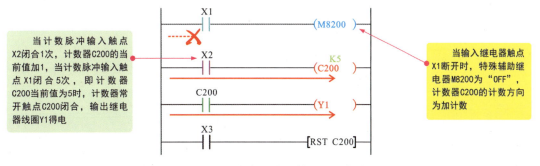

图 4-16　32 位加 / 减计数器的工作过程

计数脉冲输入触点X2闭合1次，计数器C200的当前值减1，当计数脉冲输入触点X1闭合次数由5到4时（小于5时），即计数器C200当前值由5到4时（小于5时），计数器常开触点C200断开，输出继电器线圈Y1失电

当输入继电器触点X1闭合时，特殊辅助继电器M8200为"ON"，计数器C200的计数方向为减计数

图4-16 32位加/减计数器的工作过程（续）

外部高速计数器简称高速计数器。其类型均为32位加/减计数器，设定值为 -2147483648 ~ +214783648，计数方向也是由特殊辅助继电器或指定的输入端子进行设定的。当某一输入端子被高速计数器占用时，此端子就不能用于其他高速计数器的输入或其他用途。

高速计数器有单相无启动/复位端子高速计数器C235 ~ C240、单相带启动/复位端子高速计数器C241 ~ C245、单相双输入（双向）高速计数器C246 ~ C250、双相输入高速计数器C251 ~ C255。同时使用不同类型的计数器时，计数器的输入点不能冲突。

状态继电器常用字母S标识，是PLC中顺序控制的一种软元件，常与步进顺控指令配合使用，若不使用步进顺控指令，则状态继电器可在PLC梯形图中作为辅助继电器使用。其状态继电器的类型主要有初始状态继电器、回零状态继电器、保持状态继电器、报警状态继电器。

数据寄存器常用字母D标识，主要用于存储各种数据和工作参数。其类型主要有通用寄存器、保持寄存器、特殊寄存器、文件寄存器、变址寄存器。

4.1.3 梯形图的基本电路

PLC编程语言可完成各种不同的控制任务，根据控制任务的不同，绘制编写的梯形图也有不同的类型，如AND运算电路、OR运算电路、自锁电路、互锁电路、时间电路、分支电路等基本电路结构。

1 AND（与）运算电路

AND（与）运算电路是PLC编程语言中最基本、最常用的电路形式，是指线圈接收触点的AND（与）运算结果，如图4-17所示。

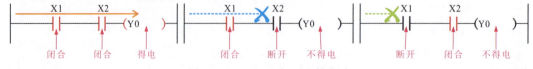

图4-17 AND（与）运算电路

当触点X1和触点X2均闭合时，线圈Y0才可得电；当触点X1和触点X2任意一点断开时，线圈Y0均不能得电。

2　OR（或）运算电路

OR（或）运算电路也是最基本、最常用的电路形式，是指线圈接收触点的 OR（或）运算结果，如图 4-18 所示，即当触点 X1 和触点 X2 任意一点闭合时，线圈 Y0 均可得电。

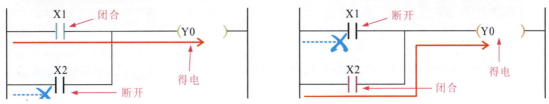

图 4-18　OR（或）运算电路

3　自锁电路

自锁电路是机械锁定开关电路编程中常用的电路形式，是指输入继电器触点闭合，输出继电器线圈得电，控制输出继电器触点锁定输入继电器触点，当输入继电器触点断开后，输出继电器触点仍能维持输出继电器线圈得电。

PLC 编程中常用的自锁电路有两种形式，分别为关断优先式自锁电路和启动优先式自锁电路。

如图 4-19 所示，在关断优先式自锁电路中，当输入继电器常闭触点 X2 断开时，无论输入继电器常开触点 X1 处于闭合还是断开状态，输出继电器线圈 Y0 均不能得电。

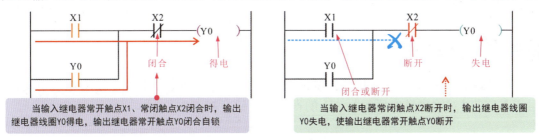

图 4-19　关断优先式自锁电路

如图 4-20 所示，在启动优先式自锁电路中，输入继电器常开触点 X1 闭合时，无论输入继电器常闭触点 X2 处于闭合还是断开状态，输出继电器线圈 Y0 均能得电。

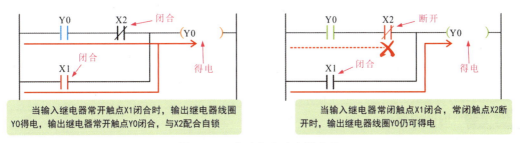

图 4-20　启动优先式自锁电路

4　互锁电路

互锁电路是控制两个继电器不能同时动作的一种电路形式，通过其中一个线圈触点锁定另一个线圈，使其不能够得电，如图4-21所示，当触点X1先闭合时，输出继电器Y2会被锁定；当触点X3先闭合时，输出继电器Y1会被锁定。

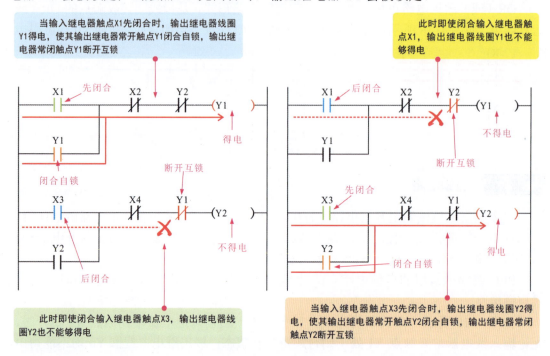

图 4-21　互锁电路

▍5　分支电路

分支电路是由一条输入指令控制两条输出结果的一种电路形式，如图4-22所示，触点X1同时对输出继电器Y0、Y1的得、失电进行控制。

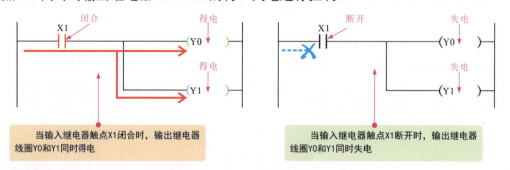

图 4-22　分支电路

▍6　时间电路

时间电路是指由定时器进行延时、定时和脉冲控制的一种电路形式，相当于电气控制电路中时间继电器。

PLC编程中常用的时间电路主要包括由一个定时器控制的时间电路、由两个定时器组合控制的时间电路、定时器串联控制的时间电路等。

图 4-23 为由一个定时器控制的时间电路。

定时器 T1 的定时时间 T=100ms×30=3000ms=3s，即当定时器线圈 T1 得电后，延时 3s，控制器常开触点 T1 闭合。

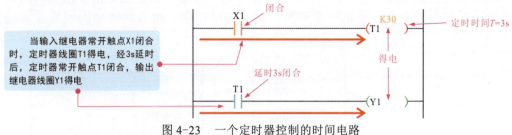

图 4-23　一个定时器控制的时间电路

图 4-24 为由两个定时器组合控制的时间电路。

定时器 T1 的定时时间 T=100ms×30=3000ms=3s，即当定时器线圈 T1 得电后，延时 3s，控制器常开触点 T1 闭合；

定时器 T245 的定时时间 T=10ms×456=4560ms=4.56s，即当定时器线圈 T245 得电后，延时 4.56s，控制器常开触点 T245 闭合。

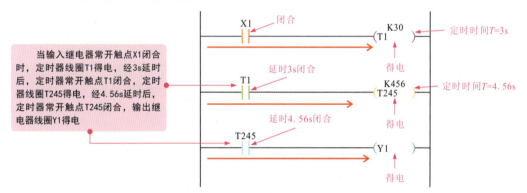

图 4-24　由两个定时器组合控制的时间电路

图 4-25 为由定时器串联控制的时间电路。

定时器 T1 的定时时间 T=100ms×15=1500ms=1.5s，即当定时器线圈 T1 得电后，延时 1.5s 后，控制器常开触点 T1 闭合；

定时器 T2 的定时时间 T=100ms×30=3000ms=3s，即当定时器线圈 T2 得电后，延时 3s，控制器常开触点 T2 闭合。

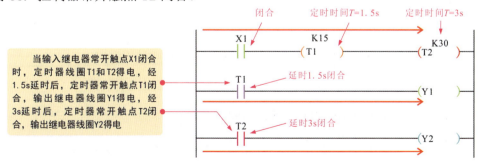

图 4-25　定时器串联控制的时间电路

4.2 PLC 语句表

PLC 语句表是 PLC 中的另一种编程语言,是一种与汇编语言中指令相似的助记符表达式,也称为指令表,是将一系列操作指令(助记符)组成的控制流程通过编程器存入 PLC 中,如图 4-26 所示。

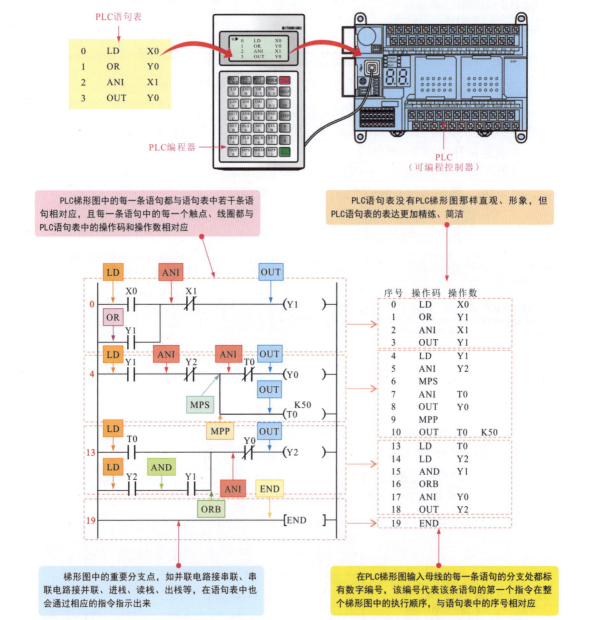

图 4-26 PLC 语句表与梯形图的对应关系

 针对 PLC 梯形图直观形象的图示化特色,PLC 语句表正好相反,其编程最终以"文本"的形式体现。

4.2.1 语句表的构成及符号含义

PLC 语句表是由序号、操作码和操作数构成的，如图 4-27 所示。

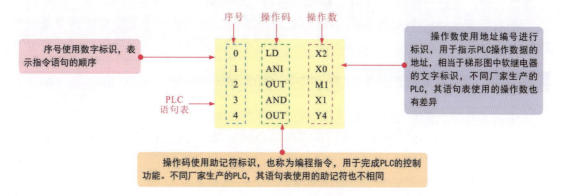

图 4-27　语句表的构成

图 4-28、图 4-29 分别为三菱 PLC 和西门子 PLC 中常用的操作码和操作数。

三菱FX系列常用操作码（助记符）		西门子S7-200系列常用操作码（助记符）	
读指令（逻辑段开始—常开触点）	LD	读指令（逻辑段开始—常开触点）	LD
读反指令（逻辑段开始—常闭触点）	LDI	读反指令（逻辑段开始—常闭触点）	LDN
输出指令（驱动线圈指令）	OUT	输出指令（驱动线圈指令）	=
"与"指令	AND	"与"指令	A
"与非"指令	ANI	"与非"指令	AN
"或"指令	OR	"或"指令	O
"或非"指令	ORI	"或非"指令	ON
"电路块"与指令	ANB	"电路块"与指令	ALD
"电路块"或指令	ORB	"电路块"或指令	OLD
"置位"指令	SET	"置位"指令	S
"复位"指令	RST	"复位"指令	R
"进栈"指令	MPS	"进栈"指令	LPS
"读栈"指令	MRD	"读栈"指令	LRD
"出栈"指令	MPP	"出栈"指令	LPP
上升沿脉冲指令	PLS	上升沿脉冲指令	EU
下降沿脉冲指令	PLF	下降沿脉冲指令	ED

图 4-28　三菱 PLC 和西门子 PLC 中常用的操作码

三菱FX系列常用操作数		西门子S7-200系列常用操作数	
输入继电器	X	输入继电器	I
输出继电器	Y	输出继电器	Q
定时器	T	定时器	T
计数器	C	计数器	C
辅助继电器	M	通用辅助继电器	M
状态继电器	S	特殊标志继电器	SM
		变量存储器	V
		顺序控制继电器	S

图 4-29　三菱 PLC 和西门子 PLC 中常用的操作数

4.2.2 语句表指令的含义及应用

PLC语句表与梯形图之间具有一一对应的关系，为了更好地了解PLC语句表中各指令的功能，可结合相对应的PLC梯形图进行分析理解。

不同厂家生产的PLC所使用的语句表指令不同，但其指令含义及应用含义基本相同。下面以三菱FX系列为例，具体介绍一下这些指令的具体含义及应用。

1 逻辑读及驱动指令（LD、LDI、OUT）

逻辑读及驱动指令包括LD、LDI、OUT三个基本指令。

LD读指令和LDI读反指令通常用于每条电路的第一个触点，用于将触点接到输入母线上，如图4-30所示。

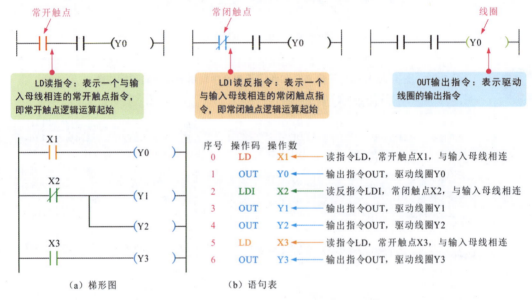

图4-30 逻辑读、读反指令的含义及应用

OUT输出指令是用于对输出继电器、辅助继电器、定时器、计数器等线圈的驱动，不能用于对输入继电器的驱动使用，如图4-31所示。

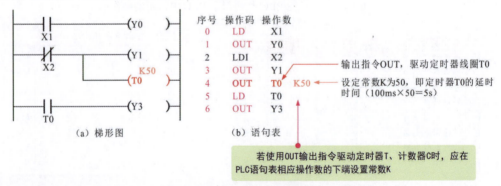

图4-31 驱动指令的含义及应用

2 触点串联指令（AND、ANI）

触点串联指令包括 AND、ANI 两个基本指令。

AND 与指令和 ANI 与非指令可控制触点进行简单的串联连接。其中，AND 用于常开触点的串联，ANI 用于常闭触点的串联，其串联触点的个数没有限制，该指令可以多次重复使用，如图 4-32 所示。

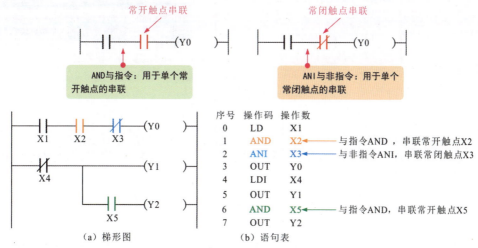

图 4-32 触点串联指令的含义及应用

3 触点并联指令（OR、ORI）

触点并联指令包括 OR、ORI 两个基本指令。

OR 或指令和 ORI 或非指令可控制触点进行简单并联连接。其中，OR 用于常开触点的并联，ORI 用于常闭触点的并联，其并联触点的个数没有限制，该指令可以多次重复使用，如图 4-33 所示。

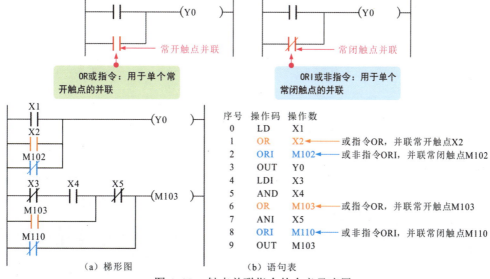

图 4-33 触点并联指令的含义及应用

4 电路块连接指令（ORB、ANB）

电路块连接指令包括 ORB、ANB 两个基本指令。

ORB 串联电路块或指令用于串联电路块后再进行并联连接的指令。其中，串联电路块是指两个或两个以上的触点串联连接的电路模块，如图 4-34 所示。

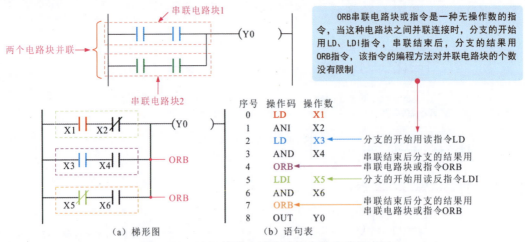

图 4-34　ORB 串联电路块或指令的含义及应用

ANB 并联电路块与指令用于并联电路块的串联连接。其中，并联电路块是指两个或两个以上的触点并联连接的电路模块，如图 4-35 所示。

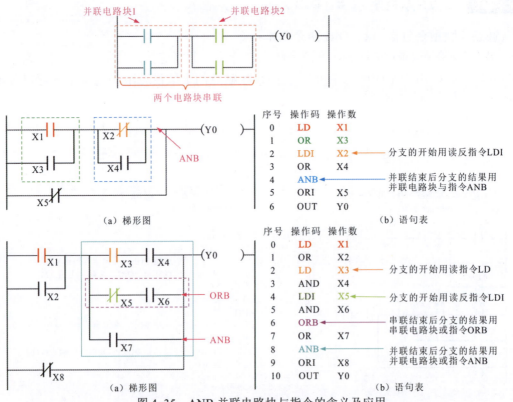

图 4-35　ANB 并联电路块与指令的含义及应用

5 置位和复位指令（SET、RST）

置位和复位指令包括 SET、RST 两个基本指令，如图 4-36 所示。

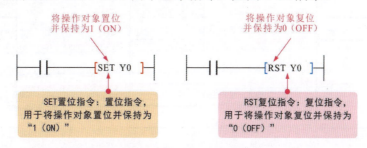

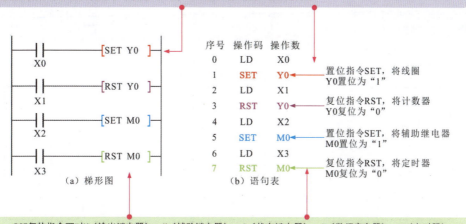

图 4-36 置位和复位指令的含义及应用

6 多重输出指令（MPS、MRD、MPP）

多重输出指令包括三个指令，即进栈指令 MPS、读栈指令 MRD 及出栈指令 MPP，如图 4-37 所示。

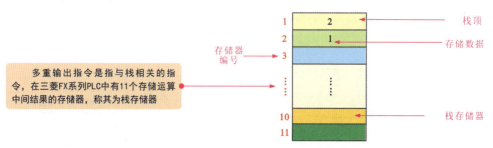

图 4-37 多重输出指令的含义及应用

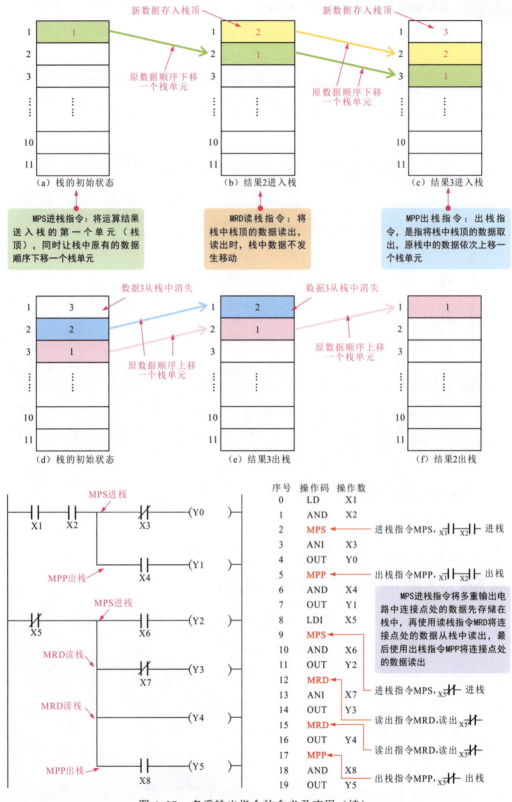

图 4-37 多重输出指令的含义及应用（续）

7 脉冲输出指令（PLS、PLF）

脉冲输出指令包括 PLS、PLF 两个基本指令，如图 4-38 所示。

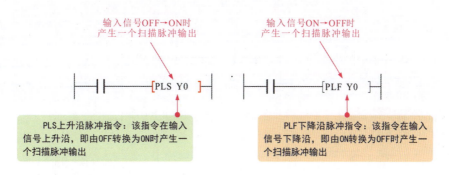

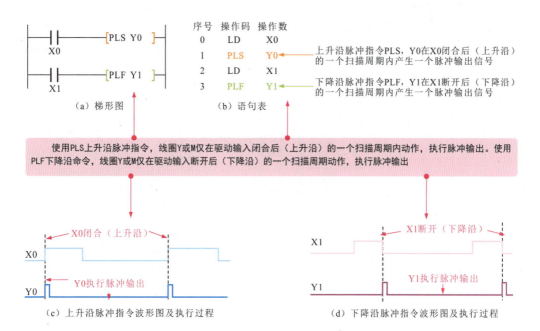

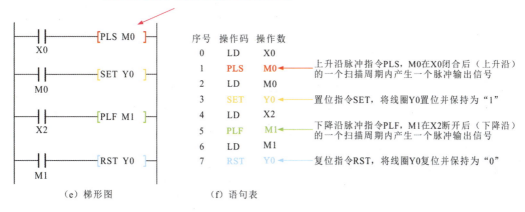

图 4-38 脉冲输出指令的含义及应用

8 主控和主控复位指令（MC、MCR）

主控和主控复位指令包括 MC、MCR 两个基本指令，如图 4-39 所示。

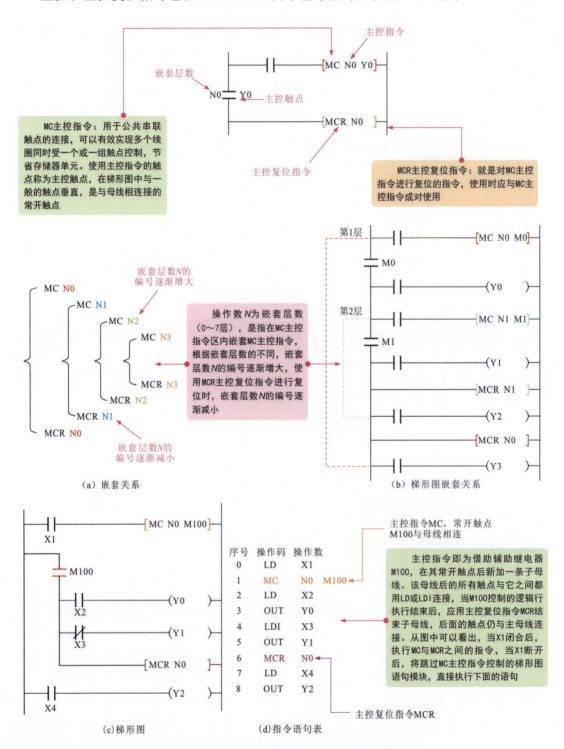

图 4-39 主控和主控复位指令的含义及应用

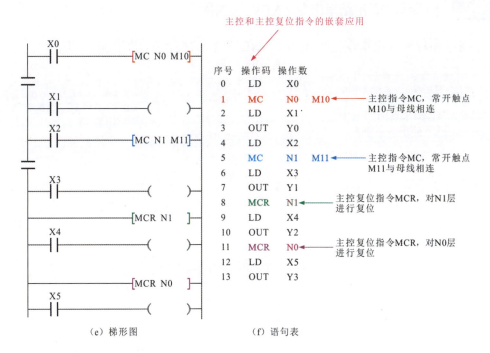

图 4-39　主控和主控复位指令的含义及应用（续）

9　取反指令（INV）

取反指令 INV 的含义及应用如图 4-40 所示。

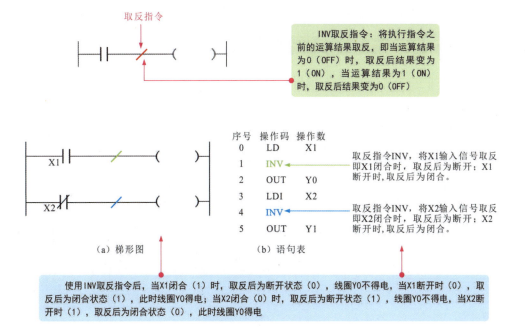

图 4-40　取反指令的含义及应用

10　空操作和程序结束指令（NOP、END）

空操作和程序结束指令包括 NOP、END 两个基本指令，如图 4-41 所示。

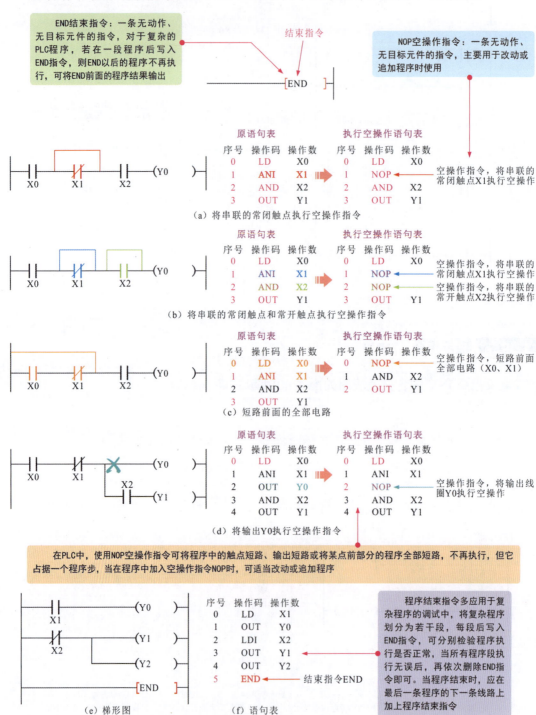

图 4-41　空操作和程序结束指令的含义及应用

第5章 PLC 的编程方法

5.1 三菱 PLC 的编程方法

5.1.1 三菱 PLC 梯形图的编程

三菱 PLC 的编程方法主要应用于使用三菱 PLC 的控制系统中。学习三菱 PLC 梯形图的编程方法，需要先了解三菱产品编程元件的标注方式、编写要求，再结合实际的三菱 PLC 梯形图编程实例，体会三菱 PLC 梯形图的编程特色，掌握三菱 PLC 梯形图的编程技能。

1 三菱 PLC 梯形图的特点

三菱 PLC 梯形图主要是由母线、触点、线圈构成的，如图 5-1 所示。

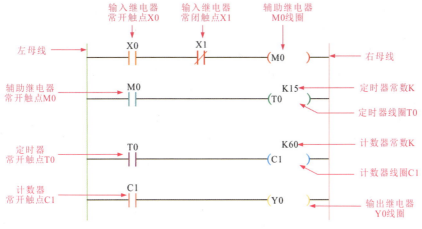

图 5-1 三菱 PLC 梯形图的特点

母线部分：左侧为起始母线（左母线），右侧为结束母线（右母线），能流由左母线流出，经元件流入右母线。

触点部分：X 表示输入继电器触点；Y 表示输出继电器触点；M 表示通用继电器触点；T 表示定时器触点；C 表示计数器触点。

线圈部分：M 表示辅助继电器线圈；T 表示定时器线圈；C 表示计数器线圈；Y 表示输出继电器线圈。线圈的字母一般标识在括号内靠左侧的位置。定时器 T 和计数器 C 的设定值 K 通常标识在括号上部居中的位置。

2 三菱PLC梯形图中编程元件的标注方式

三菱PLC梯形图中的编程元件主要由字母和数字组成。标注时，通常采用字母＋数字的组合方式。其中，字母表示编程元件的类型，数字表示该编程元件的序号。

图5-2为输入/输出继电器的标注方法。输入继电器在三菱PLC梯形图中使用字母X标识，输出继电器使用字母Y标识，都采用八进制编号（X0～X7、X10～X17…Y0～Y7、Y10～Y17…）。

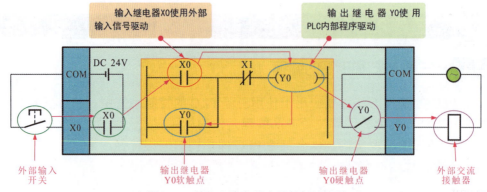

图5-2 输入/输出继电器的标注方法

辅助继电器在三菱PLC梯形图中使用字母M标识，采用十进制编号，如图5-3所示。

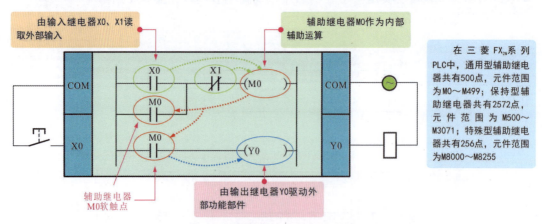

图5-3 辅助继电器的标注方法

在三菱PLC梯形图中，定时器使用字母T标识，采用十进制编号，如图5-4所示。根据功能的不同，定时器可分为通用型定时器和累计型定时器两种。其中，通用型定时器共有246点，元件范围为T0～T245；累计型定时器共有10点，元件范围为T246～T255。

在三菱PLC梯形图中，计数器使用字母C标识。外部高速计数器简称高速计数器。在三菱FX_{2N}系列PLC中，高速计数器共有21点，元件范围为C235～C255，主要有1相1计数输入高速计数器、1相2计数输入高速计数器和2相2计数输入高速计数器三种，如图5-5所示。这三种计数器均为32位加/减计数器，设定值为-2147483648～+214783648，计数方向由特殊辅助继电器或指定的输入端子设定。

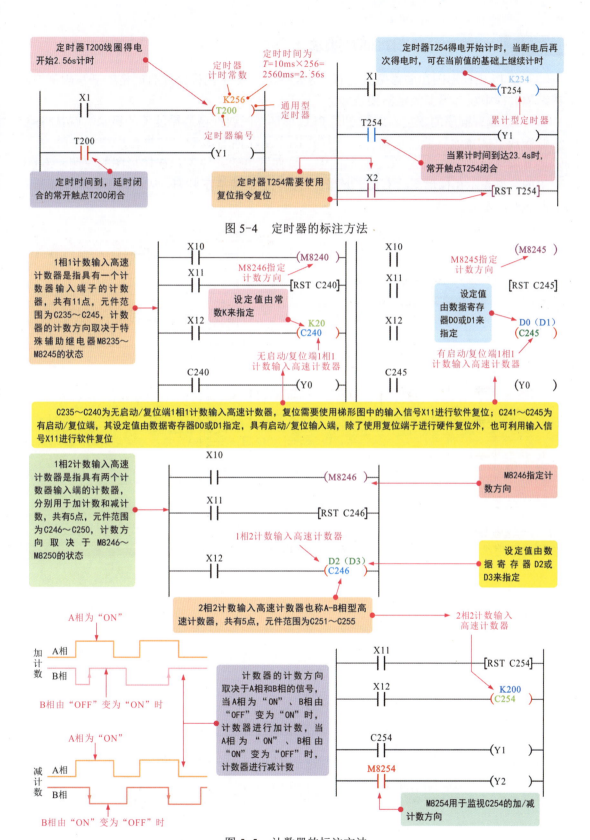

3 三菱PLC梯形图的编写要求

三菱PLC梯形图在编写格式上有严格的要求,除了编程元件有严格的书写规范外,在编程过程中还有很多规定需要遵守。

(1)编程顺序的规定。编写三菱PLC梯形图时要严格遵循能流的概念,就是将能流假想成"能量流"或"电流",在梯形图中从左向右流动,与执行用户程序时的逻辑运算顺序一致。在三菱PLC梯形图中,事件发生的条件表示在梯形图的左侧,事件发生的结果表示在梯形图的右侧。编写梯形图时,应按从左到右、从上到下的顺序编写,如图5-6所示。

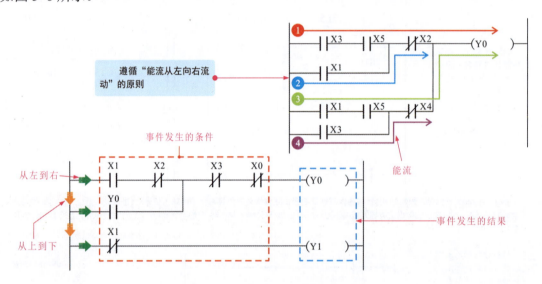

图5-6 三菱PLC梯形图编程顺序的规定

(2)编程元件位置关系的规定。如图5-7所示,梯形图的每一行都是从左母线开始、右母线结束的,触点位于线圈的左侧,线圈接在最右侧与右母线相连。

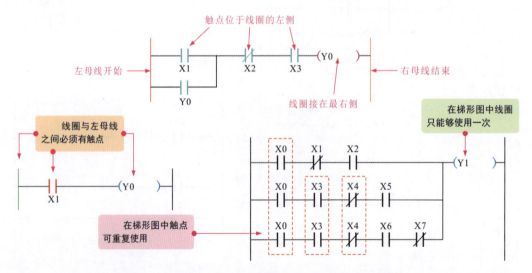

图5-7 三菱PLC梯形图编程元件位置关系的规定

线圈与左母线位置关系的编写规定：线圈输出作为逻辑结果必要条件，体现在梯形图中时，线圈与左母线之间必须有触点。

线圈与触点的使用要求：输入继电器、输出继电器、辅助继电器、定时器、计数器等编程元件的触点可重复使用，输出继电器、辅助继电器、定时器、计数器等编程元件的线圈在梯形图中一般只能使用一次。

（3）母线分支的规定。触点既可以串联也可以并联，而线圈只可以并联。并联模块串联时，应将其触点多的一条线路放在梯形图的左侧，使梯形图符合左重右轻的原则。串联模块并联时，应将触点多的一条线路放在梯形图的上方，使梯形图符合上重下轻的原则，如图5-8所示。

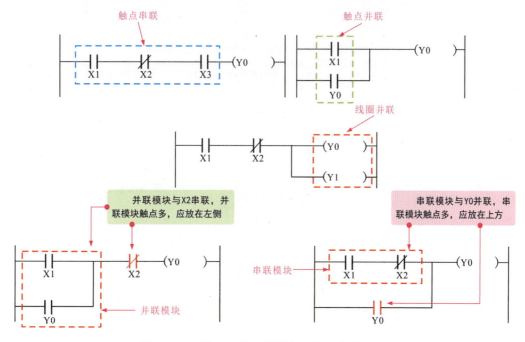

图5-8　三菱PLC梯形图编程母线分支的规定

（4）梯形图结束方式的规定。梯形图程序编写完成后，应在最后一条程序的下一条线路上加上END结束符，代表程序结束，如图5-9所示。

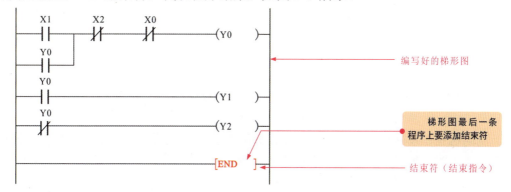

图5-9　三菱PLC梯形图结束方式的规定

4 三菱PLC梯形图的编程方法

编写三菱 PLC 梯形图时，首先要对系统完成的各项功能进行模块划分，并对 PLC 的各个 I/O 点进行分配，然后根据 I/O 分配表对各功能模块逐个编写，根据各模块实现功能的先后顺序，对模块进行组合并建立控制关系，最后分析调整编写完成的梯形图，完成整个系统的编程工作。下面以电动机连续运转控制系统的设计作为案例介绍三菱 PLC 梯形图的编程方法。

图 5-9 为电动机连续运转控制系统的编写要求和编程前的分析准备，即根据控制过程的描述，理清控制关系，划分出控制系统的功能模块。

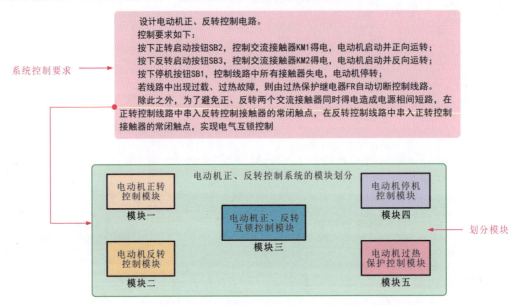

图 5-10 电动机连续运转控制系统的编写要求和编程前的分析准备

划分电动机连续控制电路中的功能模块后进行 I/O 分配，将输入设备和输出设备的元件编号与三菱 PLC 梯形图中的输入继电器和输出继电器的编号对应，填写 I/O 分配表，如图 5-11 所示。

输入设备及地址编号			输出设备及地址编号		
名称	代号	输入点地址编号	名称	代号	输出点地址编号
过热保护继电器	FR	X0	正转交流接触器	KM1	Y0
停止按钮	SB1	X1	反转交流接触器	KM2	Y1
正转启动按钮	SB2	X2			
反转启动按钮	SB3	X3			

图 5-11　I/O 分配表

电动机正、反转控制模块划分和 I/O 分配表绘制完成后，便可根据各模块的控制要求编写梯形图，最后将各模块梯形图进行组合。

（1）电动机正转控制模块梯形图的编写。根据控制要求，编写电动机正转梯形图如图 5-12 所示。

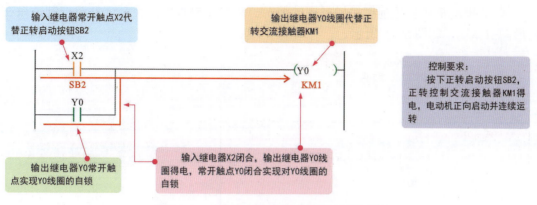

图 5-12　电动机正转控制模块梯形图的编写

（2）电动机反转控制模块梯形图的编写。根据控制要求，编写电动机反转梯形图如图 5-13 所示。

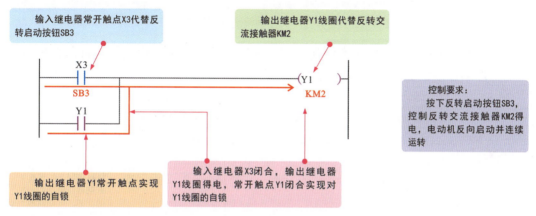

图 5-13　电动机反转控制模块梯形图的编写

（3）电动机正、反转互锁模块梯形图的编写。将控制要求中的控制部件及控制关系在梯形图中体现，当输出继电器 Y0 线圈得电时，常闭触点 Y0 断开，输出继电器 Y1 线圈不得电；当输出继电器 Y1 线圈得电时，常闭触点 Y1 断开，输出继电器 Y0 线圈不得电，如图 5-14 所示。

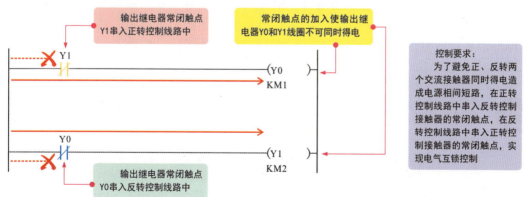

图 5-14　电动机正、反转互锁模块梯形图的编写

（4）电动机停机控制模块梯形图的编写。将控制要求中的控制部件及控制关系在梯形图中体现，如图5-15所示。

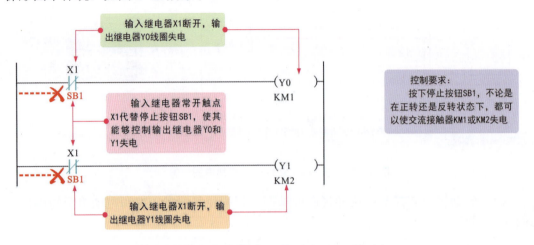

图5-15　电动机停机控制模块梯形图的编写

（5）电动机过热保护控制模块梯形图的编写。将控制要求中的控制部件及控制关系在梯形图中体现，如图5-16所示。

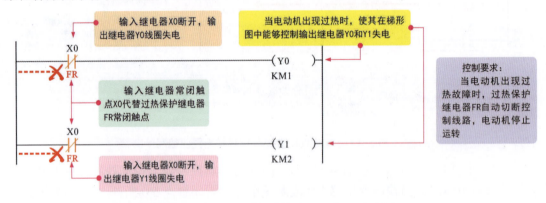

图5-16　电动机过热保护控制模块梯形图的编写

（6）5个控制模块梯形图的组合。根据三菱PLC梯形图的编写要求，对上述组合得出的总梯形图进行整理、合并，并编写PLC梯形图的结束语句，然后分析编写完成的梯形图并做调整，最终完成整个系统的编程工作，如图5-17所示。

上述分析和梯形图编程过程根据控制要求进行模块划分，并针对每个模块编写梯形图程序，"聚零为整"进行组合，然后在初步组合而成的总梯形图基础上，根据PLC梯形图编写方法中的一些要求和规则进行相关编程元件的合并，添加程序结束指令，最后得到完善的总梯形图程序。

一些实际编程过程除了可按照上述逐步分析、逐步编写的方法外，在一些传统工业设备（电动机传动）的线路改造中，还可以将现成的电气控制线路作为依据，将原有的电气控制系统输入信号及输出信号作为PLC的I/O点，将原来由继电器—接触器硬件完成的控制线路由PLC梯形图程序直接替代。

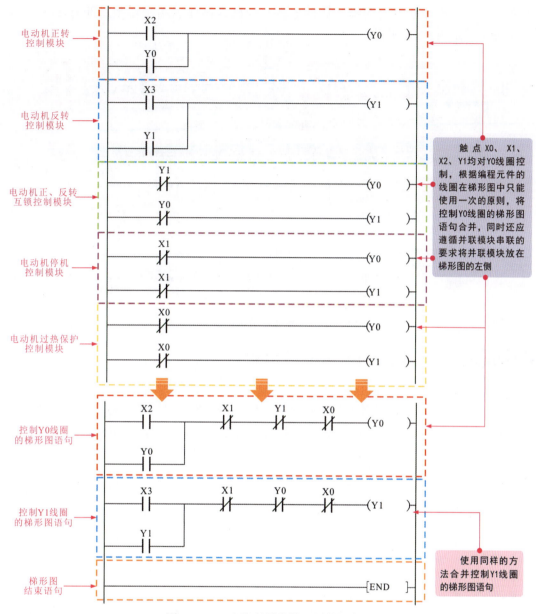

图 5-17　5 个控制模块梯形图的组合

5.1.2　三菱 PLC 语句表的编程

与三菱 PLC 梯形图编程方式相比，语句表的编程方式不是非常直观，控制过程全部依托指令语句表表达。学习三菱 PLC 语句表的编程方法，需要先了解语句表的编程规则，掌握三菱 PLC 语句表中常用编程指令的用法，然后通过实际的编程案例，领会三菱 PLC 语句表编程的要领。

1　三菱 PLC 语句表的编写规则

三菱 PLC 语句表的程序编写要求指令语句顺次排列，每一条语句都要将操作码书写在左侧，将操作数书写在操作码的右侧，要确保操作码和操作数之间有间隔，不能连在一起，如图 5-18 所示。

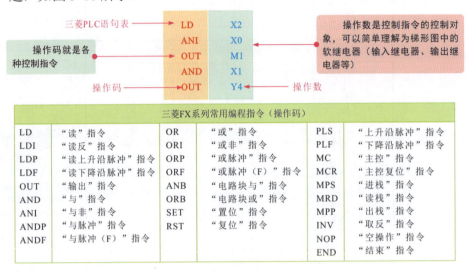

图 5-18　三菱 PLC 语句表的编写规则

2　三菱 PLC 语句表中编程指令的用法

下面了解一下三菱 PLC 语句表中常用编程指令的使用规则。

（1）逻辑读、读反及输出指令（LD、LDI、OUT）的用法规则。LD 用于将常开触点接到母线上，LDI 用于将常闭触点接到母线上，OUT 输出指令用于对线圈的驱动，如图 5-19 所示。

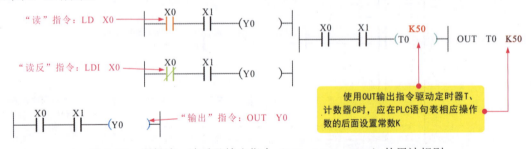

图 5-19　逻辑读、读反及输出指令（LD、LDI、OUT）的用法规则

（2）与、与非指令（AND、ANI）的用法规则。AND 用于常开触点的串联，ANI 用于常闭触点的串联，可以多次重复使用，没有限制，如图 5-20 所示。

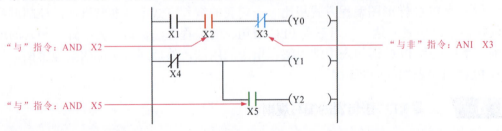

图 5-20　与、与非指令（AND、ANI）的用法规则

（3）或、或非指令（OR、ORI）的用法规则。OR 用于常开触点的并联，ORI 用于常闭触点的并联，可以多次重复使用，没有限制，如图 5-21 所示。

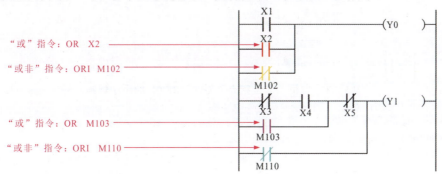

图 5-21　或、或非指令（OR、ORI）的用法规则

（4）电路块与、电路块或指令（ANB、ORB）的用法规则，如图 5-22 所示。ANB 电路块与指令是一种无操作数的指令，当这种电路块之间串联连接时，分支的开始用 LD、LDI 指令，并联结束后，分支的结果用 ANB 指令，对串联电路块的个数没有限制；ORB 电路块或指令也是一种无操作数的指令，当这种电路块之间并联连接时，分支的开始用 LD、LDI 指令，串联结束后，分支的结果用 ORB 指令，对并联电路块的个数没有限制。

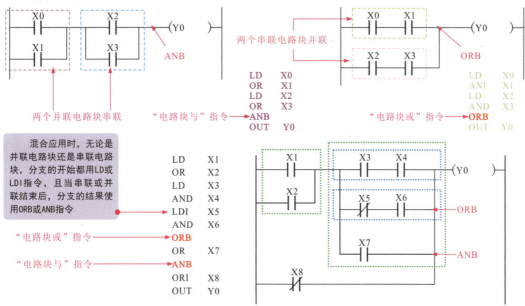

图 5-22　电路块与、电路块或指令（ANB、ORB）的用法规则

（5）置位、复位指令（SET、RST）的用法规则。SET 置位指令，用于将操作对象置位并保持为"1（ON）"；RST 复位指令，用于将操作对象复位并保持为"0（OFF）"，如图 5-23 所示。

（6）上升沿脉冲、下降沿脉冲指令（PLS、PLF）的用法规则。使用 PLS 上升沿脉冲指令，线圈 Y 或 M（特殊辅助继电器 M 除外）仅在驱动输入闭合后（上升沿）的一个扫描周期内动作，执行脉冲输出。使用 PLF 下降沿命令，线圈 Y 或 M（特殊辅助继电器 M 除外）仅在驱动输入断开后（下降沿）的一个扫描周期动作，执行脉冲输出，如图 5-23 所示。

图 5-23　置位、复位指令（SET、RST）的用法规则

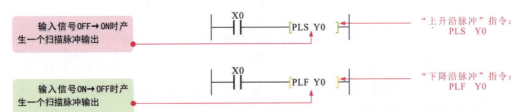

图 5-24　上升沿脉冲、下降沿脉冲指令（PLS、PLF）的用法规则

（7）读上升沿脉冲、读下降沿脉冲指令（LDP、LDF）的用法规则。LDP 读上升沿脉冲指令用于将上升沿检测触点接到输入母线上，当指定的软元件由 OFF 转换为 ON 上升沿变化时，驱动线圈接通一个扫描周期；LDF 用于将下降沿检测触点接到输入母线上，当指定的软元件由 ON 转换为 OFF 下降沿变化时，驱动线圈接通一个扫描周期，如图 5-25 所示。

图 5-25　读上升沿脉冲、读下降沿脉冲指令（LDP、LDF）的用法规则

（8）与脉冲、与脉冲（F）指令（ANDP、ANDF）的用法规则。ANDP 与脉冲指令用于上升沿检测触点的串联，ANDF 与脉冲（F）指令用于下降沿检测触点的串联，如图 5-26 所示。

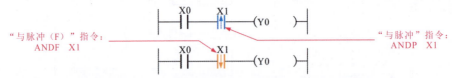

图 5-26　与脉冲、与脉冲（F）指令（ANDP、ANDF）的用法规则

（9）或脉冲、或脉冲（F）指令（ORP、ORF）的用法规则。ORP 或脉冲指令用于上升沿检测触点的并联，ORF 指令用于下降沿检测触点的并联，如图 5-27 所示。

图 5-27　或脉冲、或脉冲（F）指令（ORP、ORF）的用法规则

（10）主控、主控复位指令（MC、MCR）的用法规则。使用 MC 主控指令的触点称为主控触点，在梯形图中与一般的触点垂直，是与母线相连接的常开触点；使用 MCR 主控复位指令时应与 MC 主控指令成对使用，如图 5-28 所示。

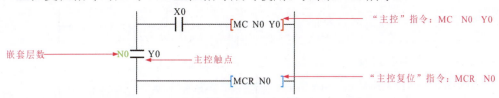

图 5-28　主控、主控复位指令（MC、MCR）的用法规则

 主控指令和主控复位指令之间的所有触点都用 LD 或 LDI 连接，通常手绘梯形图时，在主控指令后新加一条子母线，与主控触点连接，当主控指令执行结束后，应用主控复位指令 MCR 结束子母线，后面的触点仍与主母线连接，如图 5-29 所示。

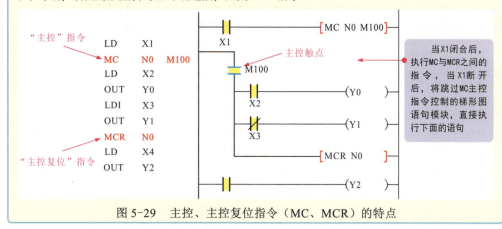

图 5-29　主控、主控复位指令（MC、MCR）的特点

（11）进栈、读栈、出栈指令（MPS、MRD、MPP）的用法规则。进栈、读栈、出栈指令是一种无操作数的指令，如图 5-30 所示。其中，MPS 进栈指令和 MPP 出栈指令必须成对使用，而且连续使用次数应少于 11。读取程序时，MPS 进栈指令将多重输出电路中连接点处的数据先存储在栈中，然后使用读栈指令 MRD 将连接点处的数据从栈中读出，最后使用出栈指令 MPP 将连接点处的数据读出。

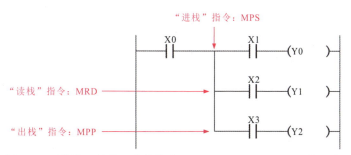

图 5-30　进栈、读栈、出栈指令（MPS、MRD、MPP）的用法规则

（12）取反指令（INV）的用法规则。取反指令将执行指令之前的运算结果取反。当运算结果为 0（OFF）时，取反后结果变为 1（ON）；当运算结果为 1（ON）时，取反后结果变为 0（OFF），取反指令在梯形图中用一条 45° 的斜线表示，如图 5-31 所示。

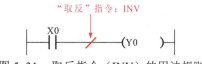

图 5-31　取反指令（INV）的用法规则

(13) 空操作指令（NOP）的用法规则。使用 NOP 空操作指令可将程序中的触点短路、输出短路或将某点前部分的程序全部短路不再执行，占据一个程序步，当在程序中加入空操作指令 NOP 时，可适当改动或追加程序，如图 5-32 所示。

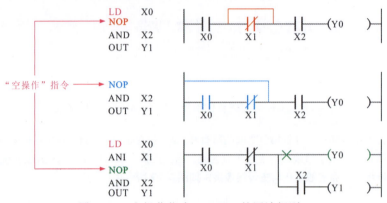

图 5-32　空操作指令（NOP）的用法规则

(14) 结束指令（END）的用法规则。END 结束指令是一条无动作、无目标元件的指令，对于复杂的 PLC 程序，若在一段程序后写入 END 指令，则 END 以后的程序不再执行，可将 END 前面的程序结果输出，如图 5-33 所示。

图 5-33　结束指令（END）的用法规则

 结束指令多应用于复杂程序的调试中，将复杂程序划分为若干段，每段后写入 END 指令后，可分别检验每段程序执行是否正常，当所有程序段执行无误后，再依次删除 END 指令即可。当程序结束时，应在最后一条程序的下一条线路上加上结束指令。

3　三菱 PLC 语句表的编程方式

三菱 PLC 语句表的编程思路与梯形图基本类似，也是先根据系统完成的功能划分模块，然后对 PLC 各个 I/O 点进行分配，根据分配的 I/O 点对各功能模块编写程序，对各功能模块的语句表进行组合，最后分析编写好的语句表并做调整，完成整个系统的编写工作。

（1）根据控制与输出关系编写 PLC 语句表。语句表是由多条指令组成的，每条指令表示一个控制条件或输出结果，在三菱 PLC 语句表中，事件发生的条件表示在语句表的上面，事件发生的结果表示在语句表的下面，如图 5-34 所示。

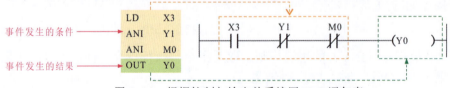

图 5-34　根据控制与输出关系编写 PLC 语句表

（2）根据控制顺序编写 PLC 语句表。语句表是由多组指令组成的，在三菱 PLC 进行语句表的编程时，通常会根据系统的控制顺序由上到下逐条编写，如图 5-35 所示。

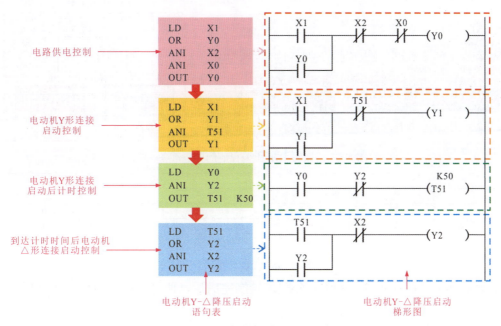

图 5-35 根据控制顺序编写 PLC 语句表

(3) 根据控制条件编写 PLC 语句表。在语句表中使用哪种编程指令可根据该指令的控制条件选用,如运算开始常闭触点选用 LDI 指令、串联连接常闭触点选用 ANI 指令、并联连接常开触点选用 OR 指令、线圈驱动选用 OUT 指令,如图 5-36 所示。

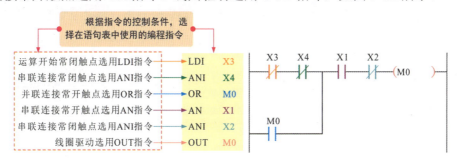

图 5-36 根据控制条件编写 PLC 语句表

 事件发生的结果表示在语句表的下面。三菱 PLC 语句表程序编写完成后,应在最后一条程序的下一条加上 END 编程指令,代表程序结束。

4 三菱 PLC 语句表的编程方法

图 5-37 为电动机连续控制系统的编写要求和编程前的分析准备,即根据电动机连续控制的要求,将功能模块划分为电动机 M 启/停控制模块、运行指示灯 RL 控制模块、停机指示灯 GL 控制模块。

将输入、输出设备的元件编号与语句表中的操作数对应。输入设备主要包括:控制信号的输入 3 个,即启动按钮 SB1、停止按钮 SB2、过热保护继电器常闭触点 FR,因此应有 3 个输入信号。输出设备主要包括 1 个交流接触器,即控制电动机 M1 交流接触器 KM,两个指示灯 RL、GL,因此应有 3 个输出信号,如图 5-38 所示。

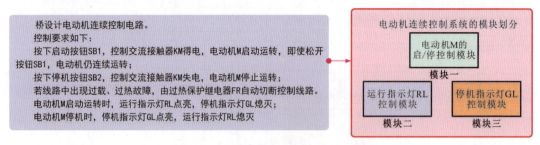

图 5-37　编写要求和编程前的分析准备

输入设备及地址编号			输出设备及地址编号		
名称	代号	输入点地址编号	名称	代号	输入点地址编号
过热保护继电器	FR	X0	交流接触器	KM	Y0
启动按钮	SB1	X1	运行指示灯	RL	Y1
停止按钮	SB2	X2	停机指示灯	GL	Y2

图 5-38　I/O 分配

电动机连续控制模块划分和 I/O 分配表绘制完成后，便可根据各模块的控制要求进行语句表的编写。

（1）电动机 M 启 / 停控制模块语句表的编写。控制要求：按下启动按钮 SB1，控制交流接触器 KM 得电，电动机 M 启动连续运转；按下停止按钮 SB2，控制交流接触器 KM 失电，电动机 M 停止连续运转。编写的语句表程序如图 5-39 所示。

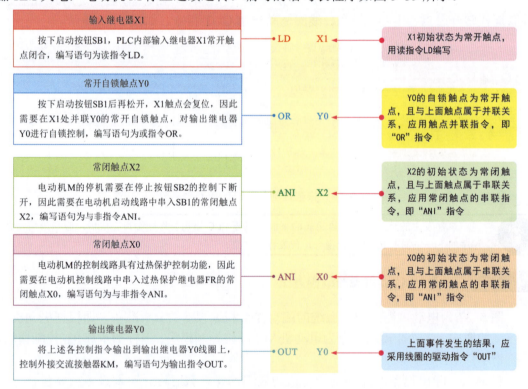

图 5-39　电动机 M 启 / 停控制模块语句表的编写

（2）运行指示灯 RL 控制模块语句表的编写。控制要求：当电动机 M 启动运转时，运行指示灯 RL 点亮；当电动机 M 停转时，RL 熄灭。编写的语句表程序如图 5-40 所示。

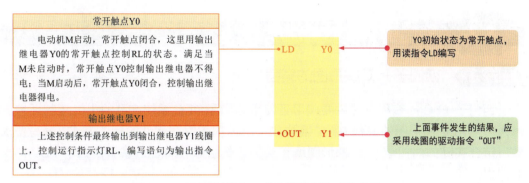

图 5-40 运行指示灯 RL 控制模块语句表的编写

（3）停机指示灯 GL 控制模块语句表的编写。控制要求：当电动机 M 停转时，停机指示灯 GL 点亮；当电动机 M 启动后，GL 熄灭。编写的语句表程序如图 5-41 所示。

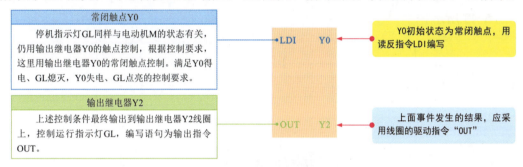

图 5-41 停机指示灯 GL 控制模块语句表的编写

根据各模块的先后顺序，将上述 3 个控制模块所得的语句表组合，得出总的语句表程序。图 5-42 为组合完成的电动机连续控制语句表程序。将上述 3 个控制模块组合完成后，添加 PLC 语句表的结束指令。最后分析编写完成的语句表并做调整，完成整个系统的编程工作。

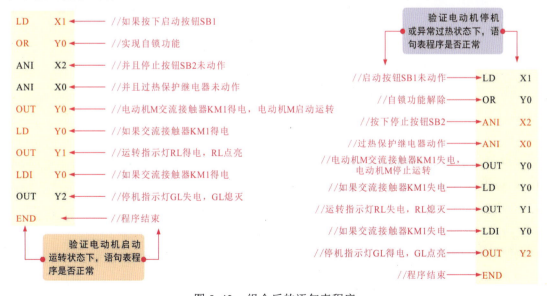

图 5-42 组合后的语句表程序

5.2 西门子 PLC 的编程方法

5.2.1 西门子 PLC 梯形图的编程

西门子 PLC 的编程方法主要应用于使用西门子 PLC 系统产品的电气控制环境。学习西门子 PLC 梯形图的编程方法，需要先了解西门子编程元件的标注方式、编写要求，然后结合实际的西门子 PLC 梯形图编程实例，体会编程特色，掌握西门子 PLC 梯形图的编程技能。

1 西门子 PLC 梯形图的特点

西门子 PLC 梯形图主要是由母线、触点、线圈或用方框表示的指令框等构成的，如图 5-43 所示。

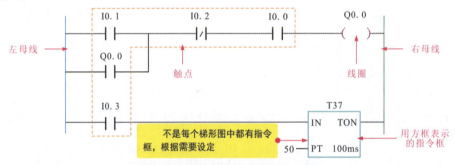

图 5-43 西门子 PLC 梯形图的特点

在西门子 PLC 梯形图中，左、右两侧的母线分别称为左母线和右母线，是每条程序的起始点和终止点。也就是说，梯形图中的每一条程序都始于左母线，终于右母线。在一般情况下，西门子 PLC 梯形图编程时，习惯性地只画出左母线，省略右母线，如图 5-44 所示。

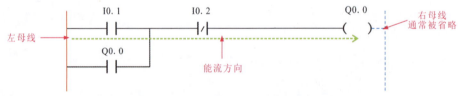

图 5-44 西门子 PLC 梯形图中的母线

在西门子 PLC 梯形图中，触点可分为常开触点和常闭触点，可使用字母 I、Q、M、T、C 标识，且这些标识一般写在相应图形符号的正上方，如图 5-45 所示。

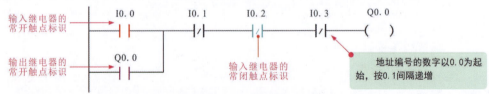

图 5-45 西门子 PLC 梯形图中的触点

西门子 PLC 梯形图中的触点字母标识：I 表示输入继电器触点；Q 表示输出继电器触点；M 表示通用继电器触点；T 表示定时器触点；C 表示计数器触点。

完整的梯形图触点通常用"字母＋数字"的文字标识，如"I0.0、I0.1、I0.2、Q0.0"等，表示该触点所分配的编程地址编号，且习惯性地将数字编号起始数设为 0.0，如 I0.0，然后依次以 0.1 间隔递增，如 I0.0、I0.1、I0.2…I0.7…I1.0、I1.1…I1.7。

在西门子 PLC 梯形图中，触点线圈可使用字母 Q、M、SM 等标识，且字母一般标识在括号上部中间的位置，如图 5-46 所示。

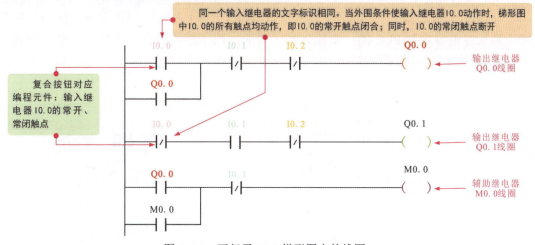

图 5-46 西门子 PLC 梯形图中的线圈

在西门子 PLC 梯形图的线圈字母标识中，Q 表示输出继电器线圈，M 或 SM 表示辅助继电器线圈。

完整的梯形图线圈通常用"字母＋数字"的文字标识，"字母"代表触点的类型，数字代表触点的序号，如"Q0.0、M0.0"等，习惯性地将数字编号起始数设为 0.0，如 Q0.0，然后依次以 0.1 间隔递增，如 Q0.0、Q0.1、Q0.2…Q0.7…Q1.0、Q1.1…

在西门子 PLC 梯形图中，每一个编程元件都对应一个统一的 I/O 地址，但是编程元件触点连接的状态可以是不同的。例如，复合按钮有两个触点，一个为常闭触点状态，另一个为常开触点状态，触点的地址保持统一，所以在梯形图中，就会出现同一个触点的不同状态。

西门子 PLC 梯形图除上述的触点、线圈等符号外，通常还使用一些指令框（也称为功能块）表示定时器、计数器或数学运算等附加指令，如图 5-47 所示。

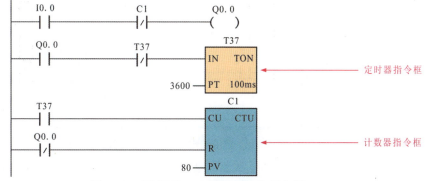

图 5-47 西门子 PLC 梯形图中的指令框

2　西门子 PLC 梯形图中编程元件的标注方式

在西门子 PLC 梯形图中，将触点和线圈等称为程序中的编程元件。编程元件也称为软元件，是指在 PLC 编程时使用的输入/输出端子所对应的存储区及内部的存储单元、寄存器等。

根据编程元件的功能，西门子 PLC 梯形图中常用的编程元件主要有输入继电器（I）、输出继电器（Q）、辅助继电器（M、SM）、定时器（T）、计数器（C）和一些其他较常见的编程元件等。

（1）输入继电器（I）的标注。输入继电器用"字母 I ＋数字"标识，如图 5-48 所示，每个输入继电器均与 PLC 的一个输入端子对应，用于接收外部开关信号。输入继电器由 PLC 端子连接开关部件的通、断状态（开关信号）驱动，当有信号送入时，输入继电器得电，其对应的常开触点闭合，常闭触点断开。

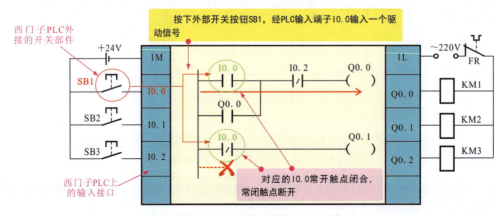

图 5-48　输入继电器（I）的标注

（2）输出继电器（Q）的标注。输出继电器用"字母 Q ＋数字"标识，每一个输出继电器均与 PLC 的一个输出端子对应，用于控制 PLC 外接的负载（如交流接触器线圈、继电器线圈、变频器等），如图 5-49 所示。

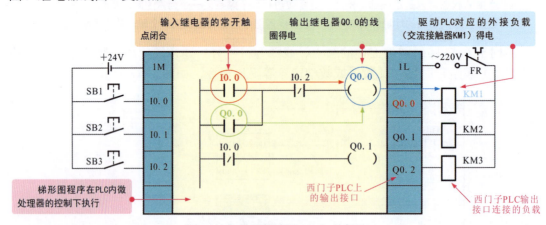

图 5-49　输出继电器（Q）的标注

输出继电器可以由 PLC 内部输入继电器的触点、其他内部继电器的触点或输出继电器自己的触点驱动。

（3）辅助继电器（M、SM）的标注。在西门子PLC梯形图中，辅助继电器有两种：一种为通用辅助继电器；一种为特殊标志位辅助继电器，如图5-50所示。

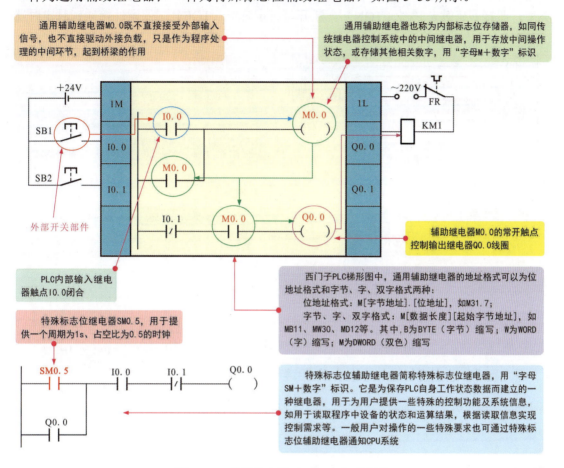

图 5-50　辅助继电器（M、SM）的标注

常用特殊标志位继电器 SM 的功能如图 5-51 所示。

常用特殊标志位继电器SM的功能	
SM0.0	PLC运行时，该位始终为1
SM0.1	PLC首次扫描时为1，保持一个扫描周期，可用于调用初始化程序
SM0.2	若保持数据丢失，则该位为1，保持一个扫描周期
SM0.3	开机进入RUN模式，将闭合一个扫描周期
SM0.4	提供一个周期为1min的时钟（高、低电平各为30s）
SM0.5	提供一个周期为1s的时钟（高、低电平各为0.5s）
SM0.6	扫描时钟，本次扫描置1，下次扫描置0，可用于扫描计数器的输入
SM0.7	指示CPU工作方式开关的位置，0为TEMR位置，1为RUN位置
SM1.0	零标志，当执行某些命令的输出结果为0时，将该位置1
SM1.1	错误标志，当执行某些命令时，其结果溢出或出现非法数值时，将该位置1
SM1.2	负数标志，当执行某些命令时，其结果为负数时，将该位置1
SM1.3	试图除以零时，将该位置1
SM1.4	当执行ATT（Add To Table）指令，超出表范围时，将该位置1
SM1.5	当执行LIFO或FIFO，从空表中读数时，将该位置1
SM1.6	当试图把一个非BCD数转换为二进制数时，将该位置1
SM1.7	当ASCII码不能转换为有效的十六进制时，将该位置1

图 5-51　常用特殊标志位继电器 SM 的功能

（4）定时器（T）的标注。在西门子 PLC 梯形图中，定时器是一个非常重要的编程元件，用"字母 T ＋数字"标识，数字从 0～255，共 256 个。定时器通常分为 3 种类型，即接通延时定时器（TON）、断开延时定时器（TOF）、保留性接通延时定时器（TONR），如图 5-52 所示。

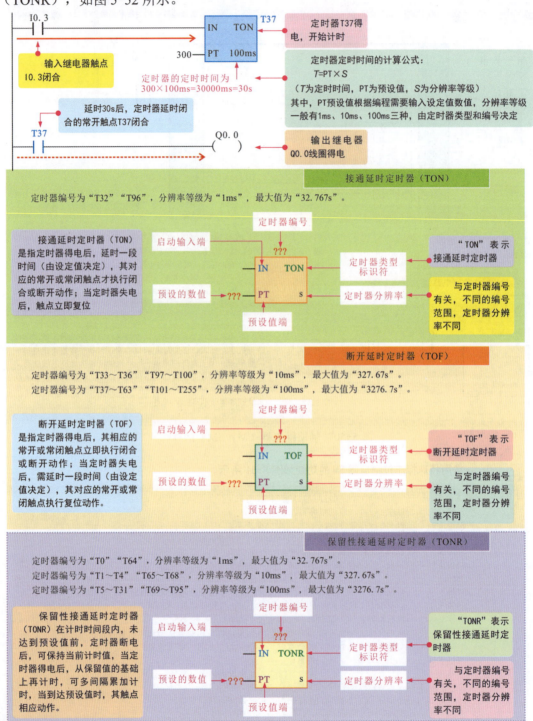

图 5-52　定时器（T）的标注

（5）计数器（C）的标注。在西门子 PLC 梯形图中，计数器可以累计输入脉冲的次数，用"字母 C ＋数字"标识，数字从 0 ～ 255，共 256 个。计数器分为 3 种类型，即增计数器（CTU）、减计数器（CTD）、增/减计数器（CTUD），标注方法如图 5-53 所示。在一般情况下，计数器与定时器配合使用。

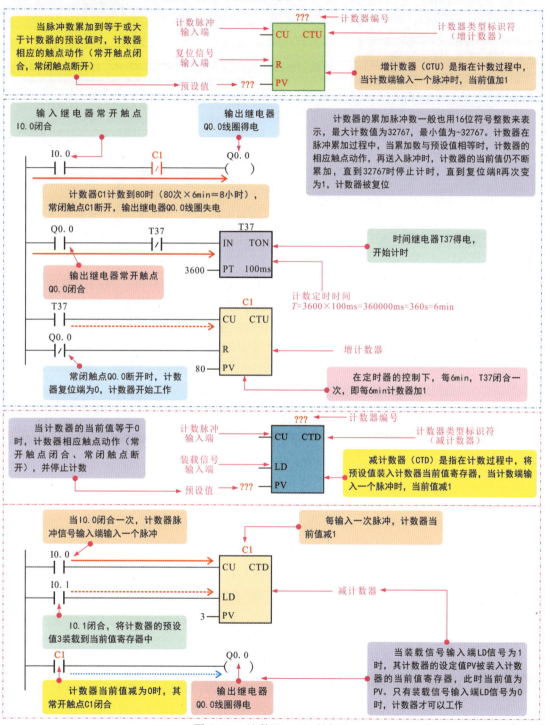

图 5-53　计数器（C）的标注

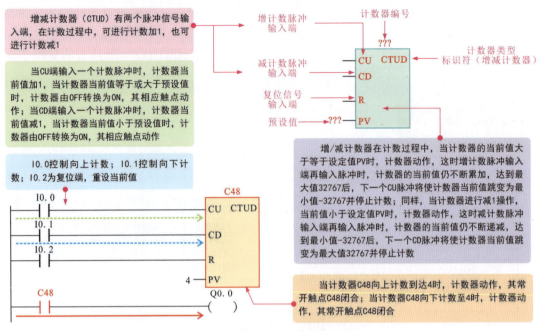

图 5-53　计数器（C）的标注（续）

（6）其他编程元件（V、L、S、AI、AQ、HC、AC）的标注。西门子其他常用编程元件（V、L、S、AI、AQ、HC、AC）的标注方法如图 5-54 所示。

变量存储器（V）的标注
变量存储器用字母V标识，用来存储全局变量，可用于存放程序执行过程中控制逻辑操作的中间结果等。同一个存储器可以在任意程序分区被访问。

局部变量存储器（L）的标注
局部变量存储器用字母L标识，用来存储局部变量，同一个存储器只和特定的程序相关联。

顺序控制继电器（S）的标注
顺序控制继电器用字母S标识，用于顺序控制和步进控制中，是一种特殊的继电器。

模拟量输入、输出映像寄存器（AI、AQ）的标注
模拟量输入映像寄存器（AI）用于存储模拟量输入信号，并实现模拟量的A/D转换；模拟量输出映像寄存器（AQ）为模拟量输出信号的存储区，用于实现模拟量的D/A转换。

高速计数器（HC）的标注
高速计数器（HC）与普通计数器基本相同，用于累计高速脉冲信号。

累加器（AC）的标注
累加器（AC）是一种暂存数据的寄存器，可用来存放运算数据、中间数据或结果数据，也可用于向子程序传递或返回参数等。

图 5-54　其他编程元件（V、L、S、AI、AQ、HC、AC）的标注

3　西门子PLC梯形图的编写要求

西门子PLC梯形图在编写格式上有严格的要求，采用正确规范的程序编写格式，方可确保西门子PLC梯形图编程的正确有效。

（1）触点的编写要求。触点应画在梯形图的水平线上，所有触点均位于线圈符号的左侧，且应根据控制要求遵循自左至右、自上而下的原则，如图5-55所示。

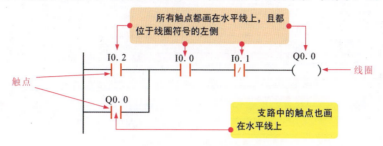

图 5-55　触点的编写要求

很多时候，梯形图是根据电气原理图绘制的，但需要注意的是，在有些电气原理图中，为了节约继电器触点，常采用"桥接"支路，交叉实现对线圈的控制，有些编程人员在对应编写PLC梯形图时，也将触点放在"桥接"支路上，这样触点便画在垂直分支上，这种编写方法是错误的，如图5-56所示。可见，PLC梯形图的编程不是简单地将电气原理图转化，还需要在此基础上根据编写原则进行修改和完善。

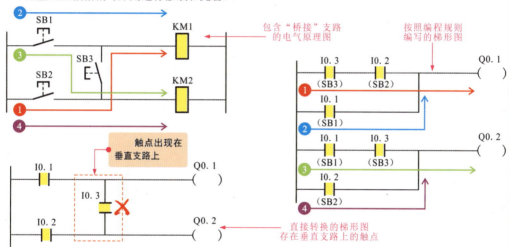

图 5-56　触点的编写特点

同一个触点在PLC梯形图中可以多次使用，且可以有两种初始状态，用于实现不同的控制要求。例如，需要实现按下PLC外接开关部件，使其对应的触点控制线圈Q0.0闭合，同时控制线圈Q0.1断开，根据该控制要求，编写程序如图5-57所示。

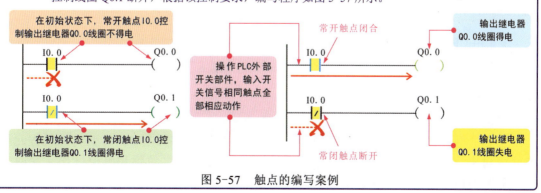

图 5-57　触点的编写案例

（2）线圈的编写要求。在西门子 PLC 梯形中，线圈仅能画在同一行所有触点的最右侧，线圈输出作为逻辑结果的必要条件体现在梯形图中时，线圈与左母线之间必须有触点，如图 5-58 所示。

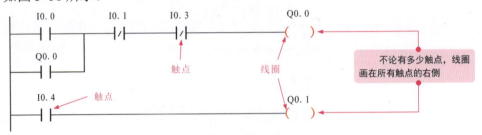

图 5-58　线圈的编写要求

在西门子 PLC 梯形图中，输入继电器、输出继电器、辅助继电器、定时器、计数器等编程元件的触点可重复使用，而输出继电器、辅助继电器、定时器、计数器等编程元件的线圈在梯形图中一般只能使用一次，如图 5-59 所示。

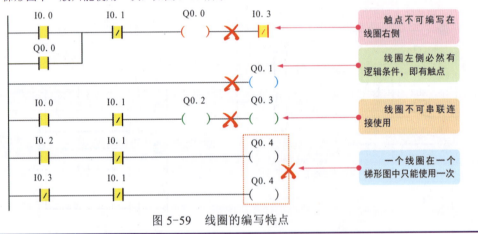

图 5-59　线圈的编写特点

（3）母线分支的优化规则。编程时，常遇到并联输出的支路，即一个条件下可同时实现两条或多条线路输出。西门子 PLC 梯形图一般用堆栈指令操作实现并联输出功能，但由于通过堆栈操作会增加程序存储器容量等缺点，因此一般不编写并联输出支路，而是将每个支路都作为一条单独的输出编写，如图 5-60 所示。

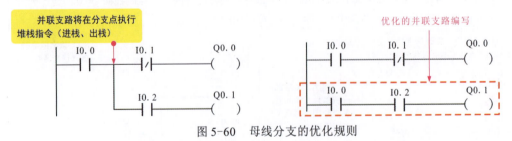

图 5-60　母线分支的优化规则

（4）一些特殊编程元件的使用规则。在西门子 PLC 梯形图中，一些特殊编程元件需要成对出现，即需要配合使用才能实现正确编程。例如，置位和复位操作，这两个操作均是由指令实现的，在梯形图中一般写在线圈符号内部，如图 5-61 所示。

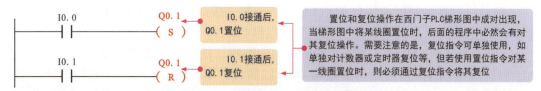

图 5-61 一些特殊编程元件的使用规则

4 西门子 PLC 梯形图的编程方法

编写西门子 PLC 梯形图时，首先要对系统完成的各项功能进行模块划分，并对 PLC 的各个 I/O 点进行分配，然后根据 I/O 分配表对各功能模块逐个编写，根据各模块实现功能的先后顺序，对模块进行组合并建立控制关系，最后分析调整编写完成的梯形图，完成整个系统的编程工作。下面以电动机连续运转控制系统的设计作为案例介绍西门子 PLC 梯形图的编程方法。

图 5-62 为电动机顺序启、停控制系统的编写要求和编程前的分析准备。

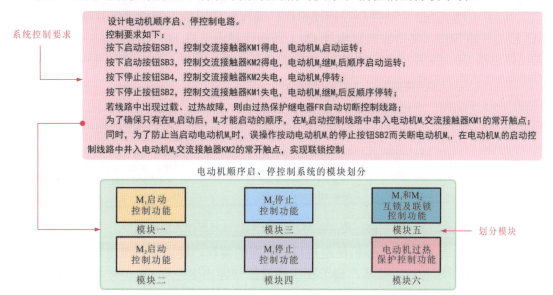

图 5-62 电动机顺序启、停控制系统的编写要求和编程前的分析准备

划分电动机顺序控制电路中的功能模块后进行 I/O 分配，如图 5-63 所示，将输入设备和输出设备的元件编号与西门子 PLC 梯形图中的输入继电器和输出继电器的编号对应。

输入设备及地址编号			输出设备及地址编号		
名称	代号	输入点地址编号	名称	代号	输出点地址编号
过热保护继电器	FR	I0.0	电动机M_1交流接触器	KM1	Q0.0
M_1启动按钮	SB1	I0.1	电动机M_2交流接触器	KM2	Q0.1
M_1停止按钮	SB2	I0.2			
M_2启动按钮	SB3	I0.3			
M_2停止按钮	SB4	I0.4			

图 5-63 I/O 分配

电动机顺序控制模块划分和 I/O 分配表绘制完成后，便可根据各模块的控制要求进行梯形图的编写，最后将各模块梯形图进行组合。

（1）电动机 M1 启动控制过程梯形图的编程。使用输入继电器常开触点 I0.1 代替 M1 启动按钮 SB1；使用输出继电器 Q0.0 线圈代替电动机 M1 交流接触器 KM1；使用输出继电器 Q0.0 常开触点实现 Q0.0 线圈的自锁，进行连续控制，如图 5-64 所示。

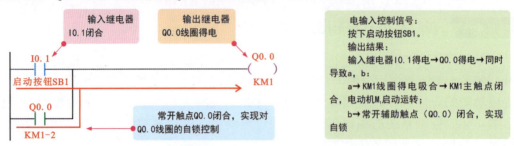

图 5-64　电动机 M1 启动控制过程梯形图的编程

（2）电动机 M2 启动控制过程梯形图的编程。使用输入继电器常开触点 I0.3 代替 M2 启动按钮 SB3；使用输出继电器 Q0.1 线圈代替电动机 M2 交流接触器 KM2；使用输出继电器 Q0.1 常开触点实现 Q0.1 线圈的自锁，进行连续控制，如图 5-65 所示。

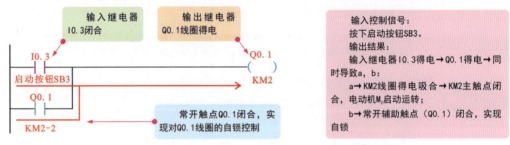

图 5-65　电动机 M2 启动控制过程梯形图的编程

（3）电动机 M1、M2 停机控制过程梯形图的编程。使用输入继电器常开触点 I0.2 代替 M1 停止按钮 SB2，使其在梯形图中能够控制输出继电器 Q0.0 失电；使用输入继电器常开触点 I0.4 代替 M2 停止按钮 SB4，使其在梯形图中能够控制输出继电器 Q0.1 失电，如图 5-66 所示。

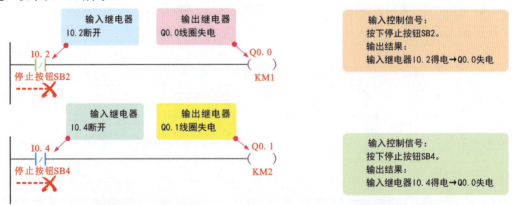

图 5-66　电动机 M1、M2 停机控制过程梯形图的编程

（4）电动机 M1 与 M2 互锁及联锁控制过程梯形图的编写。将输出继电器 Q0.0 的常开触点串入电动机 M2 的启动控制线路中；将输出继电器 Q0.1 的常开触点并入电动机 M1 的停止按钮 SB2 两端，如图 5-67 所示。

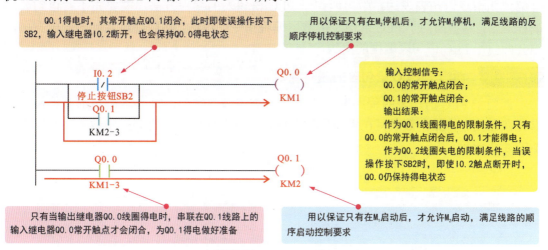

图 5-67　电动机 M1 与 M2 互锁及联锁控制过程梯形图的编写

（5）电动机过热保护控制过程梯形图的编程。使用输入继电器常开触点 Q0.0 代替过热保护继电器 FR，当电动机出现过热时，使其在梯形图中能够控制输出继电器 Q0.0 和 Q0.1 失电，如图 5-68 所示。

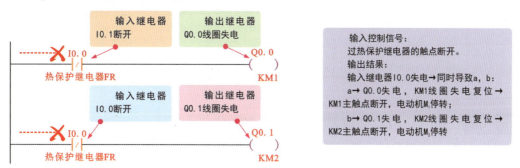

图 5-68　电动机过热保护控制过程梯形图的编程

（6）6 个控制模块梯形图的组合。根据西门子 PLC 梯形图的编写要求，将上述 6 个模块（控制过程）所得 6 段程序组合得出总的梯形图程序，再将 6 个程序段中相同线圈的控制线路合并。合并时，应注意根据实际控制要求确定触点之间的串、并联关系，如图 5-69 所示。

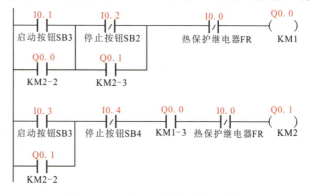

图 5-69　6 个控制模块梯形图的组合

5.2.2 西门子 PLC 语句表的编程

与西门子 PLC 梯形图编程方式相比，语句表的编程方式不是非常直观，控制过程全部依托指令语句表表达。学习西门子 PLC 语句表的编程方法，需要先了解语句表的编程规则，掌握西门子 PLC 语句表中常用编程指令的用法，然后通过实际的编程案例，领会西门子 PLC 语句表编程的要领。

1 西门子 PLC 语句表的编写规则

西门子 PLC 语句表的程序编写要求指令语句顺次排列，每一条语句都要将操作码书写在左侧，将操作数书写在操作码的右侧，而且要确保操作码和操作数之间有间隔，不能连在一起。

图 5-70 为西门子 PLC 语句表的编写规则。

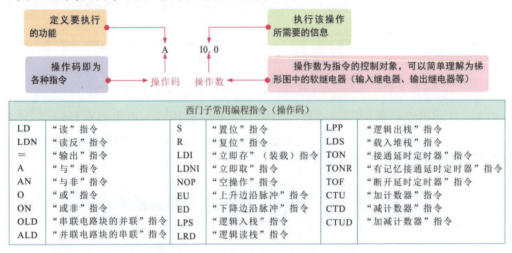

图 5-70　西门子 PLC 语句表的编写规则

2 西门子 PLC 语句表中编程指令的用法

（1）触点的逻辑读、读反和线圈驱动指令（LD、LDN、=）的用法规则如图 5-71 所示。

LD：触点的逻辑读指令，也称装载指令，在梯形图中表示一个与左母线相连的常开触点指令。

LDN：触点的逻辑读反指令，也称装载反指令，在梯形图中表示一个与左母线相连的常闭触点指令。

=：输出指令，表示驱动线圈的指令，用于驱动输出继电器、辅助继电器等，但不能用于驱动输入继电器。

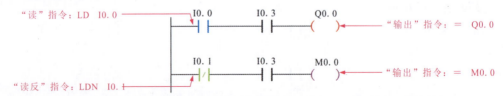

图 5-71　触点的逻辑读、读反和线圈驱动指令（LD、LDN、=）的用法规则

（2）触点串联指令（A、AN）的用法规则如图 5-72 所示。

A：逻辑与操作指令，用于常开触点与其他编程元件相串联。

AN：逻辑与非操作指令，用于常闭触点与其他编程元件相串联。

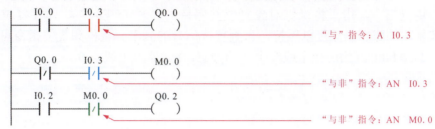

图 5-72　触点串联指令（A、AN）的用法规则

（3）触点并联指令（O、ON）的用法规则如图 5-73 所示。

O：逻辑或操作指令，用于常开触点与其他编程元件的并联。

ON：逻辑或非操作指令，用于常闭触点与其他编程元件的并联。

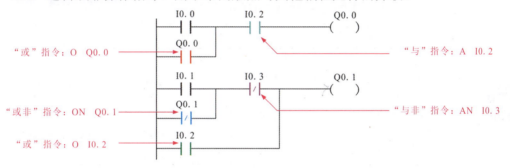

图 5-73　触点并联指令（O、ON）的用法规则

（4）电路块串、并联指令（OLD、ALD）的用法规则如图 5-74 所示。

OLD：串联电路块的并联指令，用于串联电路块再并联连接的指令。其中，串联电路块是指两个或两个以上的触点串联连接的电路模块，用于并联第二个支路语句后，无操作数。

ALD：并联电路块的串联指令，用于并联电路块再串联连接的指令。其中，并联电路块是指两个或两个以上的触点并联连接的电路模块，用于串联第二个支路语句后，无操作数。

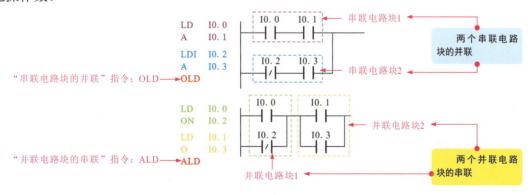

图 5-74　电路块串、并联指令（OLD、ALD）的用法规则

（5）置位、复位指令（S、R）的用法规则如图 5-75 所示。

S：置位指令，用于将操作对象置位并保持为"1（ON）"，即使置位信号变为 0 后，被置位的状态仍然可以保持，直到复位信号的到来。

R：复位指令，用于将操作对象复位并保持为"0（OFF）"，即使复位信号变为 0 后，被复位的状态仍然可以保持，直到置位信号的到来。置位和复位指令可以将位存储区某一位（bit）开始的一个或多个（n）同类存储器置 1 或置 0。

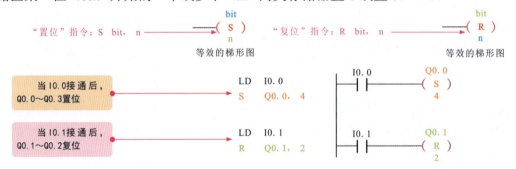

图 5-75　置位、复位指令（S、R）的用法规则

> 置位指令（S）可对 I、Q、M、SM、T、C、V、S 和 L 进行置位操作。图中，当 I0.0 闭合时，S 置位指令将线圈 Q0.0 及其开始的 4 个线圈（Q0.0 ～ Q0.3）均置位，即线圈 Q0.0 ～ Q0.3 得电，即使当 I0.0 断开时，线圈 Q0.0 ～ Q0.3 仍保持得电。
> 复位指令（R）可对 I、Q、M、SM、T、C、V、S 和 L 进行复位操作。图中，当 I0.1 闭合时，R 复位指令将线圈 Q0.1 及其开始的 2 个线圈均复位，即线圈 Q0.1 ～ Q0.2 被复位（线圈失电），并保持为 0，即使当 I0.1 断开时，线圈 Q0.1 ～ Q0.2 仍保持失电状态。

（6）立即存取指令（LDI、LDNI、=I、SI、RI）的用法规则如图 5-76 所示。

常用的立即存取指令主要有触点的立即取指令（LDI、LDNI）、立即输出指令（=I）和立即置位/复位指令（SI、RI）。

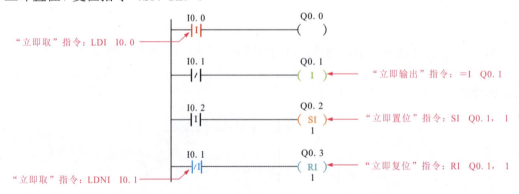

图 5-76　立即存取指令（LDI、LDNI、=I、SI、RI）的用法规则

（7）空操作指令（NOP）的用法规则如图 5-77 所示。NOP 空操作指令是一条无动作的指令，将稍微延长扫描周期的长度，但不影响用户程序的执行，主要用于改动或追加程序时使用。??? 处为操作数 N，操作数 N 为执行空操作指令的次数，N=0 ～ 255。

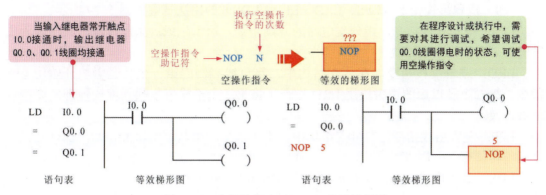

图 5-77 空操作指令（NOP）的用法规则

（8）边沿脉冲指令（EU、ED）的用法规则如图 5-78 所示。

EU：上升沿脉冲指令，也称上微分操作指令，是指某一位操作数的状态由 0 变为 1 的过程，即出现上升沿的过程中，在这个上升沿形成一个 ON，并保持一个扫描周期的脉冲，且只存在一个扫描周期。

ED：下降沿脉冲指令，也称下微分操作指令，是指某一位操作数的状态由 1 变为 0 的过程，即出现下降沿的过程中，在这个下降沿形成一个 ON，并保持一个扫描周期的脉冲，且只存在一个扫描周期。

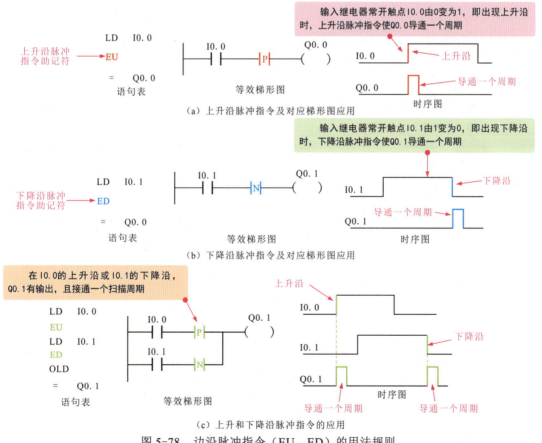

图 5-78 边沿脉冲指令（EU、ED）的用法规则

（9）逻辑堆栈指令（LPS、LRD、LPP、LDS）的用法规则如图 5-79 所示。

LPS：逻辑入栈指令，指分支电路的开始指令，用于生成一条新母线，其左侧为主逻辑块，右侧为从逻辑块。

LRD：逻辑读栈指令，在分支结构中，新母线右侧的第一个从逻辑块开始用 LPS 指令，第二个及以后的逻辑块用 LRD 指令，将第二个堆栈值复制到堆栈顶部，原栈顶值被替换。

LPP：逻辑出栈指令，在分支结构中，用于最后一个从逻辑块的开始，执行完该指令后将转移至上一层母线。

LDS：载入堆栈指令，指令形式为"LDS n"，不常用。

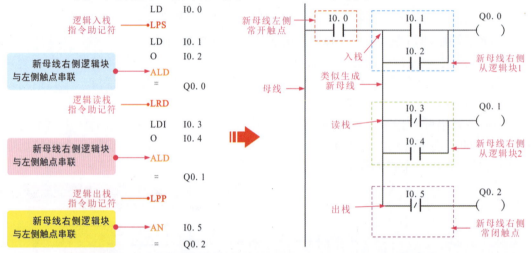

图 5-79 逻辑堆栈指令（LPS、LRD、LPP、LDS）的用法规则

通常，西门子 PLC 中的逻辑堆栈有 9 个存储运算中间结果的存储器，被称为栈存储器。堆栈的存取特点为"后进先出"。从堆栈来看，逻辑堆栈指令的作用如图 5-80 所示。

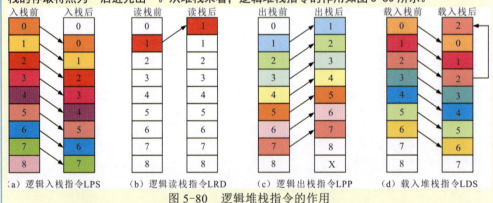

（a）逻辑入栈指令LPS　（b）逻辑读栈指令LRD　（c）逻辑出栈指令LPP　（d）载入堆栈指令LDS

图 5-80 逻辑堆栈指令的作用

逻辑入栈指令（LPS）是复制栈顶顶部的数值，并将此数值推入栈顶，原堆栈中栈值依次下压一级，栈底值被推出或丢失。

逻辑读栈指令（LRD）是将第二个堆栈值复制到堆栈顶部，原栈顶值被替换。

逻辑出栈指令（LPP）是将堆栈栈顶数值弹出，原堆栈中各级栈值上弹一级，原堆栈第二级为新堆栈的栈顶值。

载入堆栈指令（LDS）表示复制堆栈中的第 n 级值到栈顶，原栈中的栈值依次下压一级。

（10）定时器指令（TON、TONR、TOF）的用法规则如图 5-81 所示。在使用定时器指令时应注意，不能把一个定时器编码同时用作接通延时定时器和断开延时定时器；有记忆接通延时定时器只能通过复位指令进行复位。

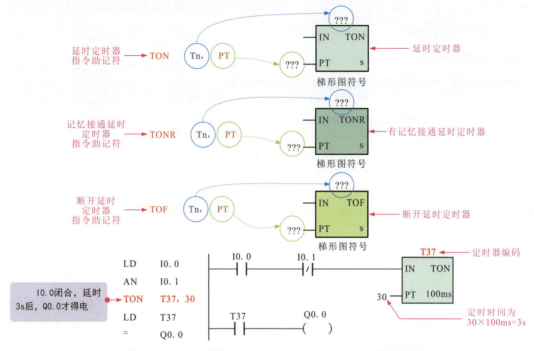

图 5-81　定时器指令（TON、TONR、TOF）的用法规则

（11）计数器指令（CTU、CTD、CTUD）的用法规则如图 5-82 所示。使用计数器指令时应注意，在一个语句表程序中，同一个计数器号码只能使用一次，可以用复位指令对 3 种计数器复位。

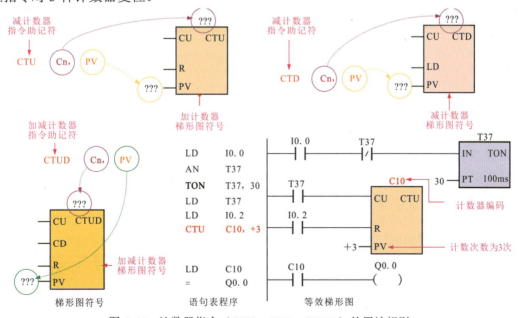

图 5-82　计数器指令（CTU、CTD、CTUD）的用法规则

3 西门子PLC语句表的编程方法

根据电动机反接制动控制的要求，可以将功能模块划分为电动机的启、停控制模块和电动机的反接制动控制模块两部分。图5-83为电动机反接制动控制系统的编写要求和编程前的分析准备。

设计电动机连续控制电路。
控制要求如下：
按下启动按钮SB1，控制交流接触器KM1线圈得电，电动机启动并正向运转；
在电动机启动过程中，当转速大于120r/min时，速度继电器KS触点闭合，为制动停机接通做好准备；
按下制动停机按钮SB2，控制反接制动交流接触器KM2线圈得电，电动机电源相序反接，电动机开始反接制动；
在反接制动过程中，电动机转速越来越低，当速度小于一定转速时，速度继电器触点断开，切断反接制动交流接触器KM2线圈供电，交流接触器KM2线圈失电，电动机停机；
使用过热保护继电器FR接入控制线路中，若线路中出现过载、过热故障，则由过热保护继电器FR自动切断控制线路；
为了避免因误操作导致交流接触器KM1、KM2同时得电造成电源相间短路，在启动控制线路中串入反转控制接触器的常闭触点，在反转控制线路中串入正转控制接触器的常闭触点，实现电气互锁控制

图5-83 编写要求和编程前的分析准备

输入设备主要包括控制信号的输入4个，即启动按钮SB1、制动按钮SB2、过热保护继电器热元件FR和速度继电器触点KS，因此应有4个输入信号。输出设备主要包括2个交流接触器，即控制电动机的启动交流接触器KM1和反接制动交流接触器KM2，因此应有2个输出信号。

将输入、输出设备的元件编号与语句表中的操作数对应，如图5-84所示。

输入设备及地址编号			输出设备及地址编号		
名称	代号	输入点地址编号	名称	代号	输出点地址编号
启动按钮	SB1	I0.0	启动交流接触器	KM1	Q0.0
停止按钮	SB2	I0.1	反接制动交流接触器	KM2	Q0.1
过热保护继电器	FR	I0.2			
速度继电器	KS	I0.3			

图5-84 I/O分配

电动机反接制动控制模块的划分和I/O分配表绘制完成后，便可根据各模块的控制要求编写语句表。

（1）电动机启动控制模块语句表的编程。控制要求：按下启动按钮SB1，控制交流接触器KM1得电，电动机启动运转，松开启动按钮SB1后，仍保持连续运转；按下反接制动按钮SB2，交流接触器KM1失电，电动机失电；交流接触器KM1、KM2不能同时得电。编写语句表如图5-85所示。

（2）电动机反接制动控制模块语句表的编程。控制要求：按下反接制动按钮SB2，交流接触器KM2得电，KM1失电，松开SB2后，仍保持KM2得电；电动机达到一定转速后，才可能实现反接制动控制；交流接触器KM1、KM2不能同时得电。编写语句表如图5-86所示。

将两个模块的语句表组合，整理后得到电动机反接制动PLC控制的语句表程序，如图5-87所示。

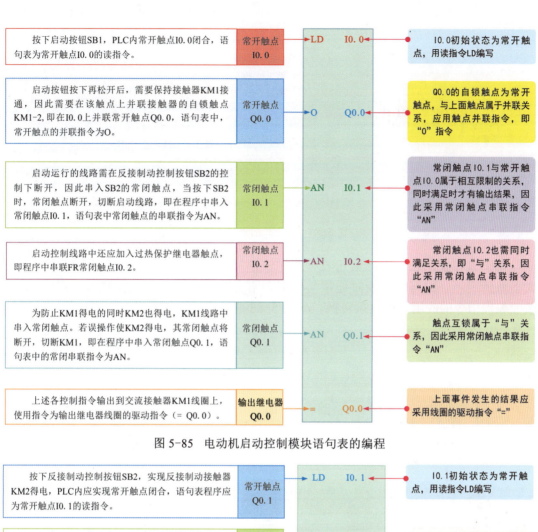

图 5-85 电动机启动控制模块语句表的编程

图 5-86 电动机反接制动控制模块语句表的编程

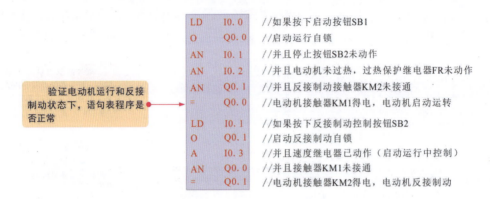

图 5-87 组合后的语句表程序

由于直接使用指令进行语句表编程比较抽象，初学者学习起来比较困难，因此在大多数情况下，编写语句表时通常与梯形图语言配合使用，先编写梯形图程序，然后按照编程指令的应用规则逐条转换，如图 5-88 所示。

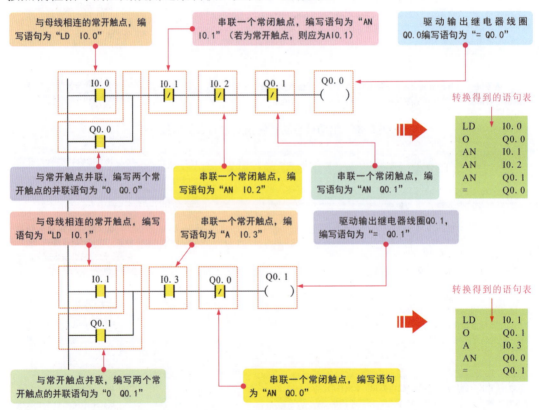

图 5-88 梯形图转换语句表

大部分编程软件中都能够实现梯形图和语句表的自动转换，因此可在编程软件中绘制好梯形图，然后通过软件进行"梯形图／语句表"转换。需要注意的是，在编程软件中，梯形图和指令语句表之间可以相互转换，基本所有的梯形图都可直接转换为对应的指令语句表，但指令语句表不一定全部可以直接转换为对应的梯形图，需要注意相应的格式及指令的使用。

第6章 PLC 的安装、调试与维护

6.1 PLC 系统的安装

6.1.1 PLC 硬件系统的选购原则

目前，市场上的 PLC 多种多样，用户可根据系统的控制要求选择不同技术性能指标的 PLC 满足系统的需求，从而保证系统运行可靠、使用维护方便，在选购 PLC 时要考虑安装环境、控制速度、统一性、控制的复杂程度、编程方式、系统扩展性能及 I/O 点数等几方面的因素。

1 考虑安装环境因素

不同厂家生产的不同系列和型号的 PLC，外形结构和适用环境条件有很大差异，在选用 PLC 的类型时，应首先根据 PLC 实际工作环境的特点进行合理的选择，如图 6-1 所示。

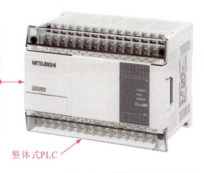
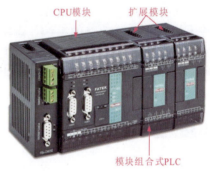

图 6-1 根据安装环境选择 PLC

在选购 PLC 中，环境因素是主要的选购参考依据，是确定机型结构的重要参考因素。三菱 PLC 的基本结构分整体式、模块式和混合式 3 种。

①多数小型 PLC 均为整体式，适用于工作过程比较固定、环境条件较好的场合。

②模块式 PLC 是指将 CPU 模块与输入模块、输出模块等组合使用，适用于工艺变化较多、控制要求较复杂的场合。

③混合式 PLC 是指将 CPU 主机与扩展模块配合使用，适用于控制要求复杂的场合。

例如，三菱 FX_{1N} 系列 PLC 具有输入/输出、逻辑控制、通信扩展功能，最多可达 128 点控制，适用于普通顺控要求的场合。三菱 FX_{2N} 系列 PLC 具有较多的速度、定位控制、逻辑选件等，适用于大多数的控制要求和环境。

2 考虑控制复杂程度因素

不同类型 PLC 的功能有很大差异，选择 PLC 时，应根据系统控制的复杂程度进行选择，如图 6-2 所示。

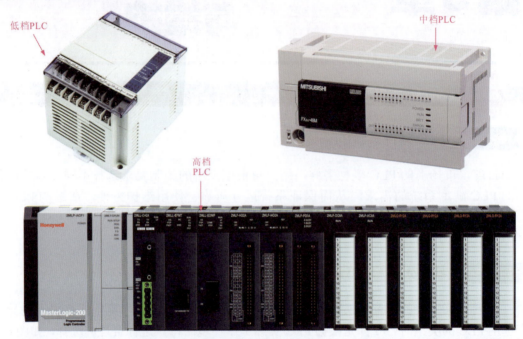

图 6-2　根据控制的复杂程度选择 PLC 的类型

例如，对于控制要求不高，只需进行简单的逻辑运算、定时、数据传送、通信等基本控制和运算功能的系统，选用低档 PLC 即可满足控制要求；对于控制较为复杂、控制要求较高的系统，需要进行复杂的函数、PID、矩阵、远程 I/O、通信联网等较强控制和运算功能的系统中，应视其规模及复杂程度，选择指令功能强大、具有较高运算速度的中档 PLC 或高档 PLC。

3 考虑控制速度因素

PLC 的扫描速度是 PLC 选用的重要指标之一，直接影响系统控制的误差时间，因此在一些实时性要求较高的场合可选用高速 PLC，如图 6-3 所示。

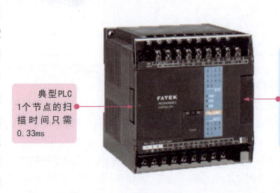

图 6-3　根据控制速度选择 PLC 类型

4 考虑设备间统一性的匹配因素

由于机型统一 PLC 的功能和编程方法相同，所以使用统一机型组成的 PLC 系统不仅有利于设备的采购与管理，也有助于技术人员的培训及技术水平的提高。另外，由于统一机型 PLC 设备的通用性，资源可以共享，使用一台计算机就可以将多台 PLC 设备连接成一个控制系统进行集中管理。因此，在进行 PLC 机型的选择时，应尽量选择同一机型的 PLC，如图 6-4 所示。

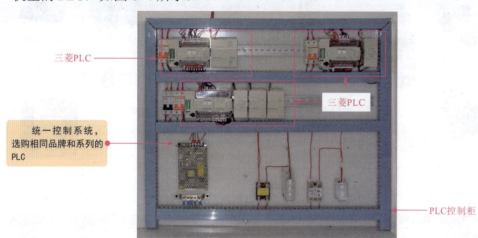

图 6-4　根据机型统一的原则选择 PLC

5 考虑被控对象因素

为应对不同的被控对象，每一种规格的 PLC 都有三种输出端子类型，即继电器输出、晶体管输出和晶闸管输出，在实际应用时要分析被控对象的控制过程和工作特点合理选配 PLC，如图 6-5 所示。

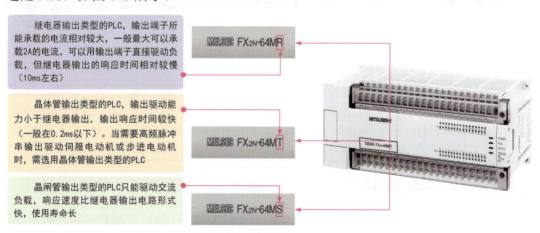

图 6-5　根据被控对象选择 PLC

6 考虑 I/O 点数因素

I/O 点数是 PLC 选用的重要指标，是衡量 PLC 规模大小的标志。若不加以统计，一个小的控制系统，却选用中规模或大规模 PLC，不仅会造成 I/O 点数的闲置，也会造成投入成本的浪费，因此在选用 PLC 时，应对其使用的 I/O 点数进行估算，合理选用 PLC，如图 6-6 所示。

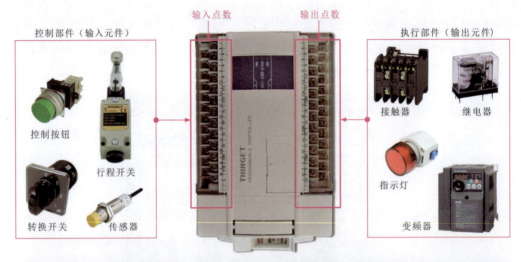

图 6-6　根据 I/O 点数选择 PLC

 在明确控制对象控制要求的基础上，分析和统计所需控制部件（输入元件，如按钮、转换开关、行程开关、继电器的触点、传感器等）的个数和执行元件（输出元件，如指示灯、继电器或接触器线圈、电磁铁、变频器等）的个数确定所需 PLC 的 I/O 点数，一般选择 PLC 的 I/O 点数应有 15%～20% 的预留，以满足生产规模的扩大和生产工艺的改进。

7 考虑存储器容量因素

用户存储器是用于存储开关量输入/输出、模拟量输入/输出及用户编写的程序等，在选用 PLC 时，应使选用 PLC 的存储器容量满足用户的存储需求。

选择 PLC 用户存储器容量时，应参考开关量 I/O 点数及模拟量 I/O 点数对其存储器容量进行估算，在估算的基础上留有 25% 的余量即为应选择的 PLC 用户存储器容量。

用户存储器容量用字数体现，估算公式如下：
存储器字数＝（开关量 I/O 点数 ×10）+（模拟量 I/O 点数 ×150）。
另外，用户存储器的容量除了与开关量 I/O 的点数、模拟量 I/O 点数有关外，还和用户编写的程序有关，不同编程人员所编写程序的复杂程度会有所不同，占用的存储容量也不相同。

8 考虑 PLC 系统扩展性能因素

当单独的 PLC 主机不能满足系统要求时，可根据系统的需要选择一些扩展类模块，以增大系统规模和功能，如图 6-7 所示。

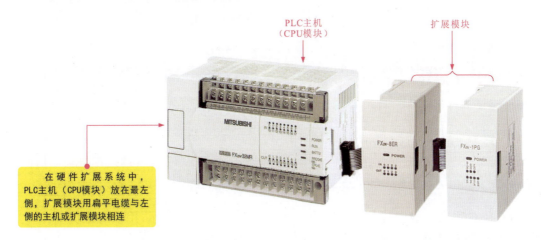

图 6-7　根据扩展性能选择 PLC

选择 PLC 输入模块时，应根据系统输入信号与 PLC 输入模块的距离进行选择，通常距离较近的设备选择低电压 PLC 输入模块，距离较远的设备选择高电压 PLC 输入模块。
另外，除了要考虑距离外，还应注意 PLC 输入模块允许同时接通的点数，通常允许同时接通的点数与输入电压、环境温度有关。
例如，三菱 PLC 输出模块的输出方式主要有继电器输出方式、晶体管输出方式和晶闸管输出方式，选择 PLC 的输出模块时，应根据输出模块的输出方式进行选择，且输出模块输出的电流应大于负载电流的额定值。
PLC 的特殊模块用于将温度、压力等过程变量转换为 PLC 所接收的数字信号，同时也可将其内部的数字信号转换成模拟信号输出。在选用 PLC 的特殊模块时，可根据系统的实际需要选择不同的 PLC 特殊模块。

综合上述各种选购参考因素，PLC 的选购原则如下：
①分析被控对象对 PLC 控制系统的控制要求，明确控制方案。
②根据控制系统的控制要求，确定 PLC 的输入（按钮、位置开关、转换开关等）和输出设备（接触器、电磁阀、指示灯等），以确定待选 PLC 的 I/O 点数。
③根据上述分析，结合选购参考因素，PLC 的功能特点、使用场合，明确选择 PLC 的机型、容量、I/O 模块、电源等，完成 PLC 的选购。

6.1.2　PLC 系统的安装和接线要求

PLC 属于新型自动化控制装置，是由基本的电子元器件等组成的，为了保证 PLC 系统的稳定性，在进行 PLC 系统的安装和接线时，需要先了解安装 PLC 系统的基本要求及接线原则，以免造成硬件连接错误，引起不必要的麻烦。

1　PLC 系统安装环境的要求

安装 PLC 系统前，首先要确保安装环境符合 PLC 的基本工作需求，包括温度、湿度、振动及周边设备等各方面，见表 6-1。

表 6-1　PLC 系统安装环境的要求

环境因素	具体安装要求
环境温度要求	安装PLC时应充分考虑PLC的环境温度，使其不得超过PLC允许的温度范围，通常PLC环境温度范围为0~55℃，当温度过高或过低时，均会导致内部的元器件工作失常
环境湿度要求	PLC对环境湿度也有一定的要求，通常PLC的环境湿度范围应为35%~85%，当湿度太大，会使PLC内部元器件的导电性增强，可能会导致元器件击穿损坏的故障
振动要求	PLC不能安装在振动比较频繁的环境中（振动频率为10~55 Hz，幅度为0.5 mm），若振动过大，可能会导致PLC内部的固定螺钉或元器件脱落、焊点虚焊
周边设备要求	确保PLC的安装远离600V高压电缆、高压设备及大功率设备
其他环境要求	PLC应避免安装在存在大量灰尘或导电灰尘、腐蚀或可燃性气体、潮湿或淋雨、过热等环境下

PLC 硬件系统一般安装在专门的 PLC 控制柜内，如图 6-8 所示，用以防止灰尘、油污、水滴等进入 PLC 内部，造成电路短路，从而造成 PLC 损坏。

图 6-8　PLC 控制柜

为了保证 PLC 工作时的温度在规定环境温度范围内，安装 PLC 的控制柜应有足够的通风空间，如果周围环境超过 55℃，则应安装通风扇，强制通风，如图 6-9 所示。

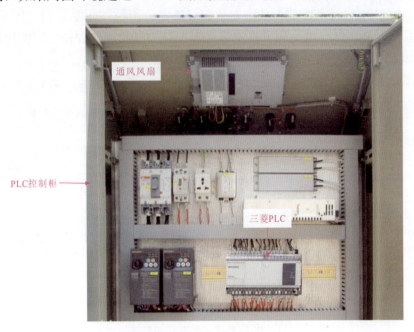

图 6-9　PLC 系统的通风要求

PLC 控制柜的通风方式有自然冷却方式、强制冷却方式、强制循环方式和整体封闭式冷却方式，如图 6-10 所示。

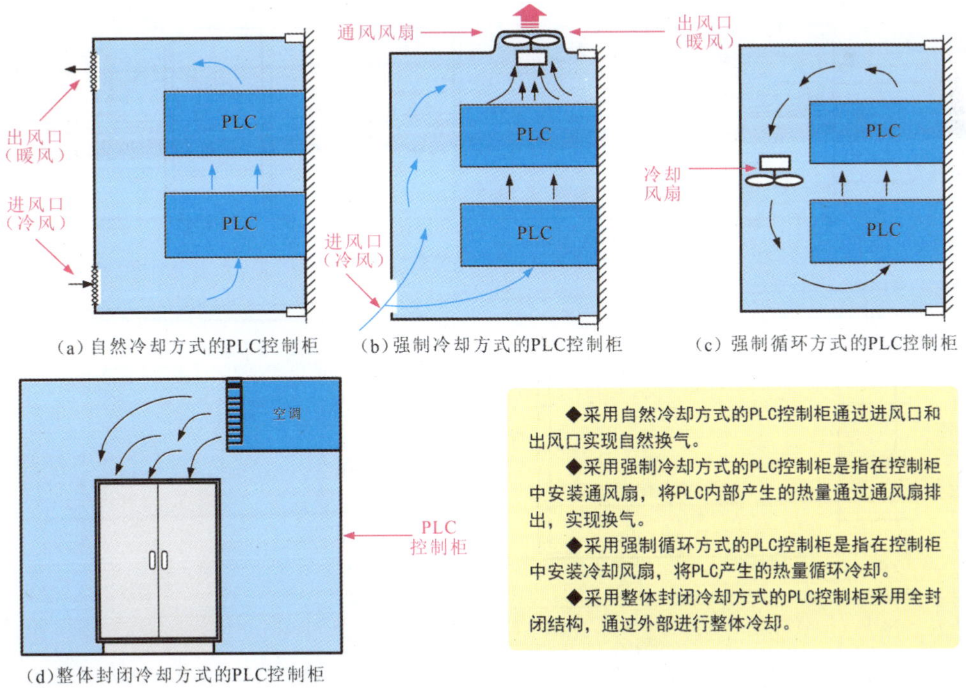

（a）自然冷却方式的PLC控制柜　　（b）强制冷却方式的PLC控制柜　　（c）强制循环方式的PLC控制柜

（d）整体封闭冷却方式的PLC控制柜

◆采用自然冷却方式的PLC控制柜通过进风口和出风口实现自然换气。
◆采用强制冷却方式的PLC控制柜是指在控制柜中安装通风扇，将PLC内部产生的热量通过通风扇排出，实现换气。
◆采用强制循环方式的PLC控制柜是指在控制柜中安装冷却风扇，将PLC产生的热量循环冷却。
◆采用整体封闭冷却方式的PLC控制柜采用全封闭结构，通过外部进行整体冷却。

图 6-10　PLC 控制柜的通风方式

2　PLC系统安装位置的要求

目前，PLC 安装时主要分为单排安装和双排安装两种，如图 6-11、图 6-12 所示。为了防止温度升高，PLC 单元应垂直安装且需要与控制柜箱体保持一定的距离。注意，不允许将 PLC 安装在封闭空间的地板和天花板上。

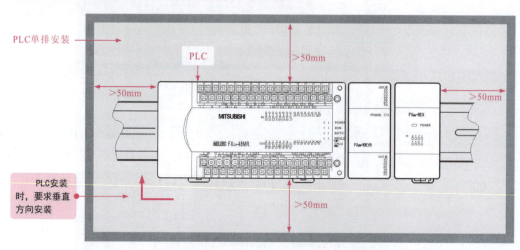

图 6-11　PLC 系统安装方式的要求（一）

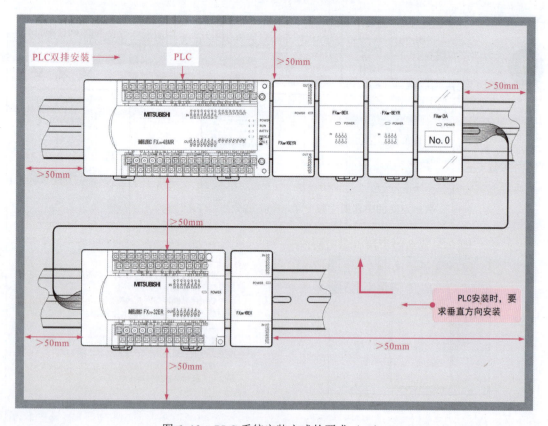

图 6-12　PLC 系统安装方式的要求（二）

3　PLC 系统安装操作的要求

在安装 PLC 时，首先需要了解安装过程中的基本规范、注意事项、安全要求等，如图 6-13 所示。

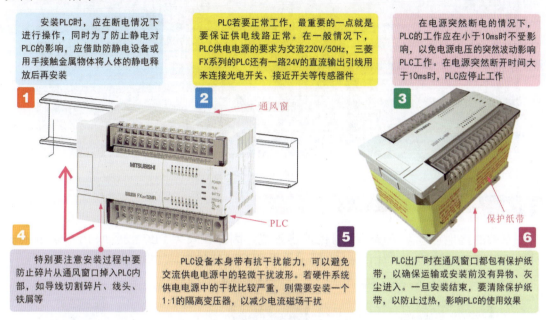

图 6-13　PLC 系统的安装操作要求

PLC 的安装方式通常有安装孔垂直安装和 DIN 导轨安装两种方式，在安装时可根据安装条件进行选择。其中，安装孔垂直安装是指利用 PLC 机体上的安装孔，将 PLC 固定在安装地板上，安装时应注意 PLC 必须保持垂直状态，如图 6-14 所示。

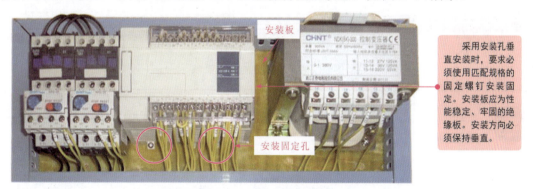

图 6-14　PLC 安装孔的垂直安装要求

DIN 导轨安装方式是指利用 PLC 底部外壳上的导轨安装槽及卡扣将 PLC 安装在 DIN 导轨（一般宽为 35mm）上，如图 6-15 所示。

 注意，在振动频繁的区域切记不要使用 DIN 导轨安装方式。
另外，若需要从导轨上卸下 PLC，应注意要先拉开卡住 DIN 导轨的弹簧夹，一旦弹簧夹脱离导轨，PLC 向上移即可卸下，切不可盲目用力，损伤 DIN 导轨安装槽，影响回装。

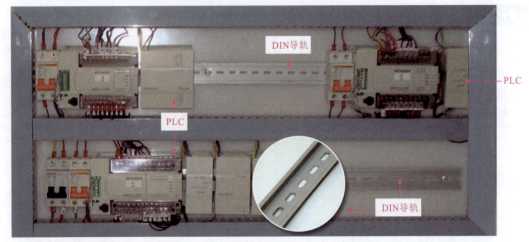

图 6-15　DIN 导轨的安装要求

4　PLC 系统的接地要求

有效的接地可以避免脉冲信号的冲击干扰，因此在安装 PLC 设备或 PLC 扩展模块时，应保证良好的接地，如图 6-16 所示，以免脉冲信号损坏 PLC 设备。

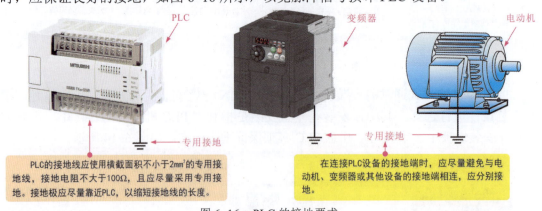

PLC 的接地线应使用横截面积不小于 2mm² 的专用接地线，接地电阻不大于 100Ω，且应尽量采用专用接地。接地极应尽量靠近 PLC，以缩短接地线的长度。

在连接 PLC 设备的接地端时，应尽量避免与电动机、变频器或其他设备的接地端相连，应分别接地。

图 6-16　PLC 的接地要求

 若无法采用专用接地时，可将 PLC 的接地极与其他设备的接地极相连接，构成共用接地，如图 6-17 所示。严禁将 PLC 的接地线与其他设备的接地线连接，采用共用接地线的方法进行 PLC 的接地。

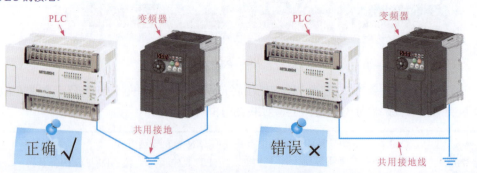

图 6-17　PLC 的接地注意事项

5 PLC 输入端的接线要求

PLC 一般使用限位开关、按钮等控制，输入端常与外部传感器连接，在对 PLC 输入端的接口进行接线时，应注意 PLC 输入端的接线要求，见表 6-2。

表 6-2 PLC 输入端的接线要求

输入端接线要求类型	具体要求内容
接线长度要求	输入端的连接线不能太长，应限制在 30 m 以内，若连接线过长，则会使输入设备对 PLC 的控制能力下降，影响控制信号输入的精度
避免干扰要求	PLC 的输入端引线和输出端引线不能使用同一根多芯电缆，以免造成干扰，或引线绝缘层损坏时造成短路故障

6 PLC 输出端的接线要求

PLC 设备的输出端一般用来连接控制设备，如继电器、接触器、电磁阀、变频器、指示灯等，在连接输出端的引线或设备时应注意 PLC 输出端的接线要求，见表 6-3。

表 6-3 PLC 输出端的接线要求

要求项目	具体要求内容
外部设备要求	若 PLC 的输出端连接继电器设备时，应尽量选用工作寿命比较长（内部开关动作次数）的继电器，以免负载（电感性负载）影响继电器的工作寿命
输出端子及电源接线要求	在连接 PLC 输出端的引线时，应将独立输出和公共输出分组连接。不同的组，可采用不同类型和电压输出等级的输出电源，同一组只能选择同一种类型、同一个电压等级的输出电源
输出端保护要求	输出元件端应安装熔断器进行保护，由于 PLC 的输出元件安装在印制电路板上，使用连接线连接到端子板，若错接而将输出端的负载短路，则可能会烧毁印制电路板。安装熔断器后，若出现短路故障，则熔断器可快速熔断，保护电路板
防干扰要求	PLC 的输出负载可能产生噪声干扰，要采取措施加以控制
安全要求	除了在 PLC 中设置控制程序防止对用户造成伤害，还应设计外部紧急停止工作电路，在 PLC 出现故障后，能够手动或自动切断电源，防止发生危险
电源输出引线要求	直流输出引线和交流输出引线不应使用同一个电缆，且输出端的引线要尽量远离高压线和动力线，避免并行或干扰

PLC 输入/输出（以下标识为 I/O）端子接线时应注意：

◆ I/O 信号连接电缆不要靠近电源电缆，不要共用一个防护套管，低压电缆最好与高压电缆分开并相互绝缘。

◆ 如果 I/O 信号连接电缆的距离较长时，要考虑信号的压降及可能造成的信号干扰问题。

◆ I/O 端子接线时，应防止端子螺钉连接松动造成的故障。

◆ 三菱 FX$_{2N}$ 系列产品的接线端子在接线时，电缆线端头要使用扁平接头，如图 6-18 所示。

图 6-18 电缆线端头使用的扁平接头

7　PLC电源的接线要求

电源供电是PLC正常工作的基本条件，必须严格按照要求连接供电端，确保PLC的基本工作条件稳定可靠，见表6-4。

表6-4　PLC电源的接线要求

电源端子	接线要求
电源输入端	● 接交流输入时，相线必须接到"L"端，零线必须接在"N"端 ● 接直流输入时，电缆正极必须接到"+"端，电缆负极必须接在"-"端 ● 电源电缆绝不能接到PLC的其他端子上 ● 电源电缆的截面积不小于2mm² ● 进行维修作业时，要有可靠的方法使系统与高压电源完全隔离 ● 在急停状态下，需要通过外部电路来切断基本单元和其他配置单元的输入电源
电源公共端	● 如果在已安装的系统中从PLC主机到功能性扩展模块都使用电源公共端子，则要连接0V端子，不要接24V端子 ● PLC主机的24V端子不能接外部电源

PLC接线时，还需要确保负载安全：
● 确保所有负载都在PC输出的同侧；
● 同一个负载不能同时执行不同的控制要求（如电动机运转方向的控制）；
● 在对安全有严格要求的场合，不能只依靠PLC内的程序实现安全控制，而要在所有存在安全危险的电路中加入相应的机械互锁。

8　PLC扩展模块的连接要求

当一个整体式PLC不能满足系统要求时，可采用连接扩展模块的方式，在将PLC主机与扩展模块连接时也有一定的要求，以三菱FX$_{2N}$系列主机（基本单元）为例。

（1）FX$_{2N}$基本单元与FX$_{2N}$、FX$_{0N}$扩展模块的连接要求。当FX$_{2N}$系列PLC基本单元的右侧与FX$_{2N}$的扩展单元、扩展模块、特殊功能模块或FX$_{0N}$的扩展模块、特殊功能模块连接时，可直接通过扁平电缆与基本单元连接，如图6-19所示。

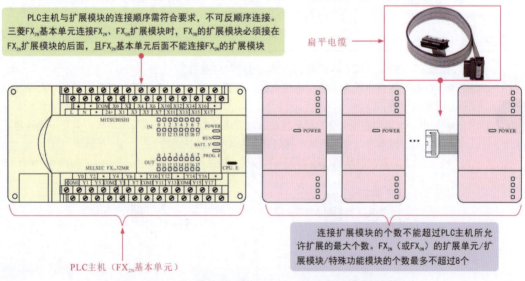

图6-19　FX$_{2N}$基本单元与FX$_{2N}$、FX$_{0N}$扩展模块的连接

（2）FX_{2N} 基本单元与 FX_1、FX_2 扩展模块的连接要求。当 FX_{2N} 系列 PLC 基本单元的右侧与 FX_1、FX_2 扩展单元、扩展模块、特殊功能模块连接时，需使用 FX_{2N}-CNV-IF 型转换电缆进行连接，如图 6-20 所示。

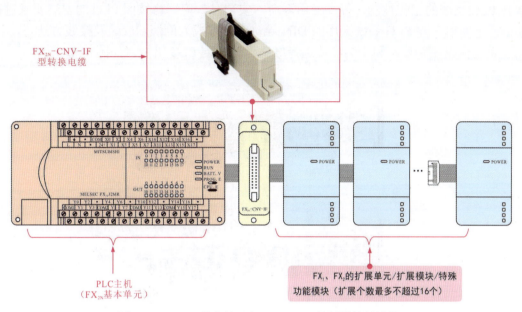

图 6-20　FX_{2N} 基本单元与 FX_1、FX_2 扩展模块的连接

（3）FX_{2N} 基本单元与 FX_{2N}、FX_{0N}、FX_1、FX_2 扩展模块的混合连接要求。当 FX_{2N} 基本单元与 FX_{2N}、FX_{0N}、FX_1、FX_2 扩展模块混合连接时，需将 FX_{2N}、FX_{0N} 的扩展模块直接与 FX_{2N} 基本单元连接，然后在 FX_{2N}、FX_{0N} 扩展模块后使用 FX_{2N}-CNV-IF 型转换电缆连接 FX_1、FX_2 扩展模块，不可反顺序连接，如图 6-21 所示。

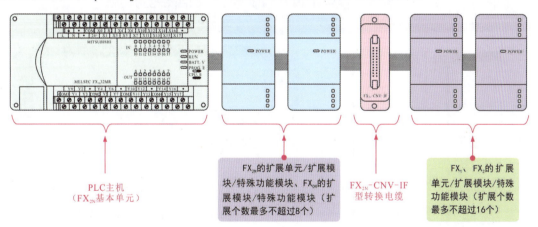

图 6-21　FX_{2N} 基本单元与 FX_{2N}、FX_{0N}、FX_1、FX_2 扩展模块的混合连接要求

　　类似上述的连接要求，不同品牌、型号和系列 PLC 具体要求的细节也不同，因此在选购、安装 PLC 前，必须详细了解所需 PLC 的特点，完全了解安装方面的要求、规范和特点后才可动手安装。

6.1.3 PLC 系统的安装方法

PLC 系统中的硬件设备通常安装在 PLC 控制柜内，避免灰尘、污物等的侵入，为增强 PLC 系统的工作性能，提高使用寿命，安装时，应严格按照 PLC 的安装要求进行安装。下面以三菱 PLC 系统采用的 DIN 导轨安装方式为例演示安装及接线方法。

首先根据控制要求和安装环境选择好适当的三菱 PLC 机型，如图 6-22 所示。

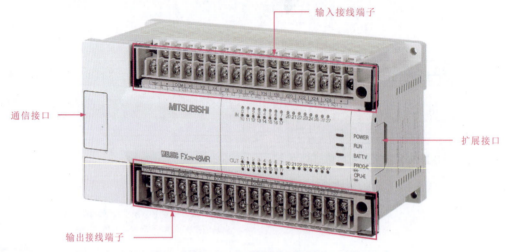

图 6-22　选择 PLC 机型

1　安装并固定 DIN 导轨

根据对控制要求的分析，选择合适规模的控制柜安装 PLC 及相关的电气部件。先将 DIN 导轨安装在 PLC 控制柜中，使用螺钉旋具将固定螺钉拧入 DIN 导轨和 PLC 控制柜的固定孔中，将 DIN 导轨固定在 PLC 控制柜上，如图 6-23 所示。

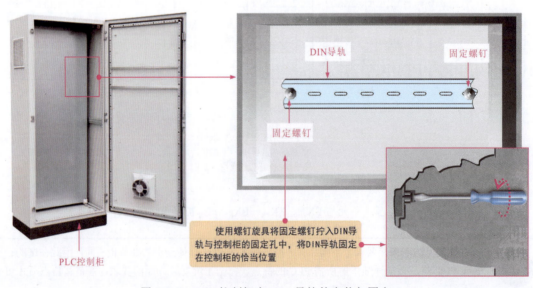

图 6-23　PLC 控制柜中 DIN 导轨的安装与固定

2 安装并固定PLC

将选好的三菱PLC按照安装要求和操作手法安装固定在DIN导轨上,如图6-24所示。

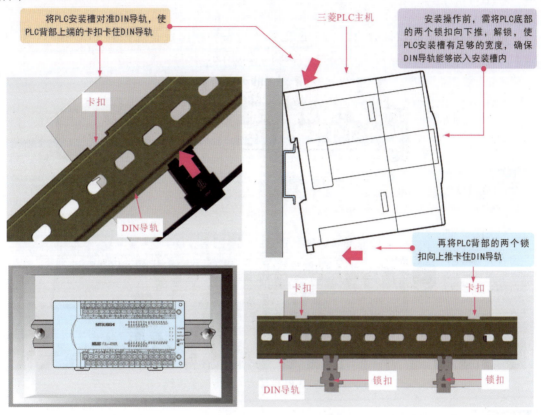

图6-24 三菱PLC的安装固定

3 打开端子排护罩

PLC与输入、输出设备之间通过输入、输出接口端子排连接。接线前,首先应将输入、输出接口端子排上的护罩打开,为接线做好准备,如图6-25所示。

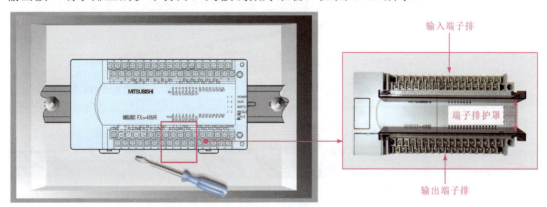

图6-25 打开护罩,做好接线前的准备工作

4　输入/输出端子接线

PLC 的输入接口常与输入设备（如控制按钮、过热保护继电器等）连接控制 PLC 的工作状态；PLC 的输出接口常与输出设备（接触器、继电器、晶体管、变频器等）连接控制工作状态。

根据控制要求和设计分析，将相应的输入设备和输出设备连接到 PLC 输入、输出端子上，端子号应与 I/O 地址表相符，如图 6-26 所示。

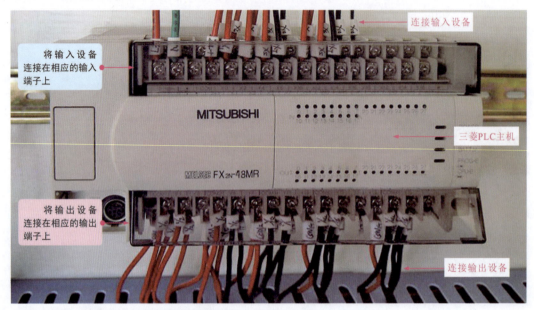

图 6-26　三菱 PLC 输入/输出端子接线

5　PLC 扩展接口的连接

当 PLC 需要连接扩展模块时，应先将扩展模块安装在 PLC 控制柜内，再将扩展模块的数据线连接端插接在 PLC 扩展接口上，如图 6-27 所示。

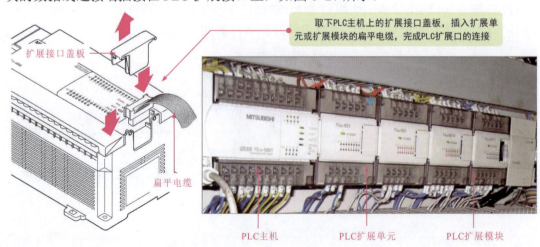

图 6-27　三菱 PLC 扩展接口的连接操作

6.2 PLC 系统的调试与维护

6.2.1 PLC 系统的调试

为了保障 PLC 系统能够正常运行，在 PLC 系统安装接线完毕后，并不能立即投入使用，还要对安装后的 PLC 系统进行调试与检测，以免在安装过程中出现线路连接不良、连接错误、设备损坏等情况，造成 PLC 系统短路、断路或损坏元器件等。

1 初始检查

首先，在断电状态下，对线路的连接、工作条件进行初始检查，见表 6-5。

表 6-5 PLC 系统的初始检查

调试项目	具体内容
检查线路连接	根据I/O原理图逐段确认PLC系统的接线有无漏接、错接，检查连接线接点的连接是否符合工艺标准。若通过逐段检查无异常，则可使用万用表检查连接的PLC系统线路有无短路、断路及接地不良等现象，若出现连接故障，应及时调整
检查电源电压	在PLC系统通电前，检查系统供电电源与预先设计的PLC系统图中的电源是否一致，检查时，可合上电源总开关进行检测
检查PLC程序	将PLC程序、触摸屏程序、显示文本程序等输入到相应的系统内，若系统出现报警情况，应对系统的接线、设定参数、外部条件及PLC程序等进行检查，并对产生报警的部位进行重新连接或调整
局部调试	了解设备的工艺流程后，进行手动空载调试，检查手动控制的输出点是否有相应的输出，若有问题，应立即解决，若手动空载正常，再进行手动带负载调试，手动带负载调试中对调试电流、电压等参数进行记录
上电调试	完成局部调试后，接通PLC电源，检查电源指示、运行状态是否正常，调试无误后，可联机试运行，观察系统工作是否稳定，若均正常，则系统可投入使用

2 通电调试

完成初始检查后，可接通 PLC 电源，试着写入简单的小段程序，对 PLC 进行通电调试，明确工作状态，为最后正常投入工作做好准备，如图 6-28 所示。

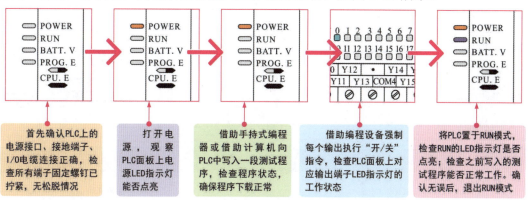

图 6-28 PLC 系统的通电调试

在通电调试时，需要注意不要碰到交流相线，不要碰触可能造成人身伤害的部位，调试中的常见错误：

◇ I/O 线路上某些点的继电器的接触点接触不良；外部所使用的 I/O 设备超出规定的工作范围。

◇ 输入信号的发生时间过短，小于程序的扫描周期；DC 24V 电源过载。

6.2.2 PLC 系统的日常维护

在 PLC 系统投入使用后，由于工作环境的影响，可能会造成 PLC 使用寿命的缩短或出现故障，因此需要对 PLC 系统进行日常检查及维护，确保 PLC 系统安全、可靠地运行。

1 日常维护

PLC 系统的日常维护包括供电条件、工作环境、元器件使用寿命等，见表 6-6。

表 6-6 PLC 系统的日常维护

日常维护项目	维护的具体内容
电源的检查	对 PLC 电源上的电压进行检测，看是否为额定值或有无频繁波动的现象，电源电压必须工作在额定范围之内，且波动不能大于 10%，若有异常，则应检查供电线路
输入、输出电源的检查	检查输入、输出端子处的电压变化是否在规定的标准范围内，若有异常，则应进行检查
环境的检查	检查环境温度、湿度是否在允许范围之内（温度为 0～55℃，湿度为 35%～85%），若超过允许范围，则应降低或升高温度及加湿或除湿操作。安装环境不能有大量的灰尘、污物等现象，若有，则应进行及时清理。检查面板内部温度有无过高的情况
安装的检查	检查 PLC 设备各单元的连接是否良好，连接线有无松动、断裂及破损等现象，控制柜的密封性是否良好等。检查散热窗（空气过滤器）是否良好，有无堵塞情况
元器件使用寿命的检查	对于一些有使用寿命的元器件，如锂电池、输出继电器等，应进行定期的检查，保证锂电池的电压在额定范围之内，输出继电器的使用寿命在允许范围之内（电气使用寿命在 30 万次以下，机械使用寿命在 1000 万次以下）

2 更换电池

PLC 内锂电池到达使用寿命终止（一般为 5 年）或电压下降到一定程度时应进行更换，如图 6-29 所示。

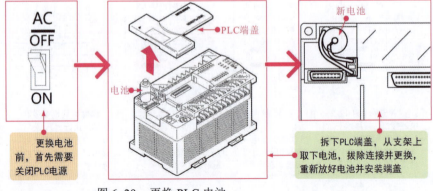

图 6-29 更换 PLC 电池

第7章 PLC 在电气控制电路中的应用

7.1 三菱 PLC 在电动机启、停控制电路中的应用

7.1.1 电动机启、停 PLC 控制电路的结构

图 7-1 为由三菱 PLC 控制的电动机启、停控制电路。该电路主要由 $FX_{2N}-32MR$ 型 PLC，输入设备 SB1、SB2、FR，输出设备 KM、HL1、HL2 及电源总开关 QF、三相交流电动机 M 等构成。

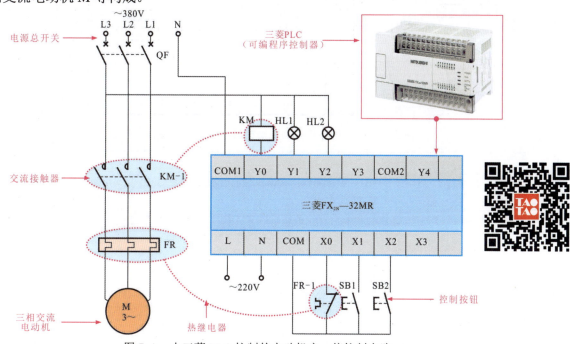

图 7-1　由三菱 PLC 控制的电动机启、停控制电路

电路中，PLC 控制部件和执行部件根据 PLC 控制系统设计之初建立的 I/O 分配表连接分配，所连接的接口名称对应 PLC 内部程序的编程地址编号，如图 7-2 所示。

输入信号及地址编号			输出信号及地址编号		
名称	代号	输入点地址编号	名称	代号	输出点地址编号
热继电器	FR1	X0	交流接触器	KM	Y0
启动按钮	SB1	X1	运行指示灯	HL1	Y1
停止按钮	SB2	X2	停机指示灯	HL2	Y2

图 7-2　电动机启、停 PLC 控制电路 I/O 地址编号（三菱 $FX_{2N}-32MR$）

7.1.2 电动机启、停 PLC 控制电路的控制过程

从控制部件、梯形图程序与执行部件的控制关系入手，逐一分析各组成部件的动作状态即可弄清电动机启、停 PLC 控制电路的控制过程，如图 7-3 所示。

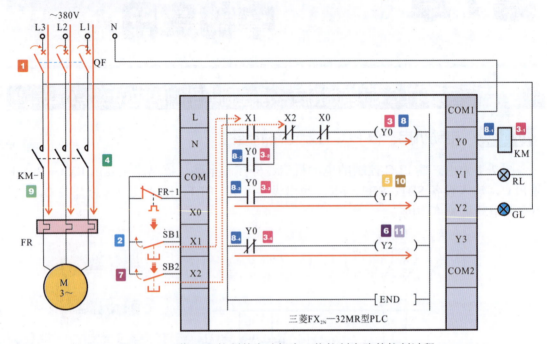

图 7-3　三菱 PLC 控制的电动机启、停控制电路的控制过程

1 合上总断路器 QF，接通三相电源。

2 按下启动按钮 SB1，触点闭合，将输入继电器常开触点 X1 置"1"，即常开触点 X1 闭合。

2→3 输出继电器 Y0 得电。

　　3-1 控制 PLC 外接交流接触器 KM 线圈得电。
　　3-2 自锁常开触点 Y0（KM-2）闭合自锁。
　　3-3 控制输出继电器 Y1 的常开触点 Y0（KM-3）闭合。
　　3-4 控制输出继电器 Y2 的常闭触点 Y0（KM-4）断开。

3-1→4 主电路中的主触点 KM-1 闭合，接通电动机 M 电源，电动机 M 启动运转。

3-3→5 输出继电器 Y1 得电，运行指示灯 RL 点亮。

3-4→6 输出继电器 Y2 失电，停机指示灯 GL 熄灭。

7 当需要停机时，按下停机按钮 SB2，触点闭合，将输入继电器常开触点 X2 置"0"，即常闭触点 X2 断开。

7→8 输出继电器 Y0 失电。

　　8-1 控制 PLC 外接交流接触器 KM 线圈失电。
　　8-2 自锁常开触点 Y0（KM-2）复位断开，解除自锁。
　　8-3 控制输出继电器 Y1 的常开触点 Y0（KM-3）复位断开。
　　8-4 控制输出继电器 Y2 的常闭触点 Y0（KM-4）复位闭合。

8-1→9 主电路中的主触点 KM-1 复位断开，切断电动机 M 电源，电动机 M 失电停转。

8-3→10 输出继电器 Y1 失电，运行指示灯 RL 熄灭。

8-4→11 输出继电器 Y2 得电，停机指示灯 GL 点亮。

7.2 三菱 PLC 在电动机反接制动控制电路中的应用

7.2.1 电动机反接制动 PLC 控制电路的结构

图 7-4 为由三菱 PLC 控制的电动机反接制动控制电路。该电路主要由三菱 FX_{2N}-16MR 型 PLC，输入设备 SB1、SB2、KS-1、FR-1，输出设备 KM1、KM2 及电源总开关 QS、三相交流电动机 M 等构成。

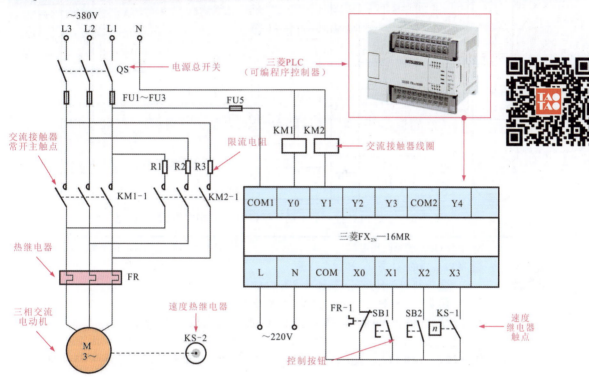

图 7-4　三菱 PLC 控制的电动机反接制动控制电路

电路中，PLC 控制部件和执行部件根据 PLC 控制系统设计之初建立的 I/O 分配表连接分配，所连接的接口名称也对应 PLC 内部程序的编程地址编号，如图 7-5 所示。

输入信号及地址编号			输出信号及地址编号		
名称	代号	输入点地址编号	名称	代号	输出点地址编号
热继电器常闭触点	FR-1	X0	交流接触器	KM1	Y0
启动按钮	SB1	X1	交流接触器	KM2	Y1
停止按钮	SB2	X2			
速度继电器常开触点	KS-1	X3			

图 7-5　电动机反接制动 PLC 控制电路的 I/O 地址编号（三菱 FX_{2N}—16MR）

7.2.2 电动机反接制动 PLC 控制电路的控制过程

从控制部件、梯形图程序与执行部件的控制关系入手，逐一分析各组成部件的动作状态即可弄清电动机在 PLC 控制下实现反接制动的控制过程，如图 7-6 所示。

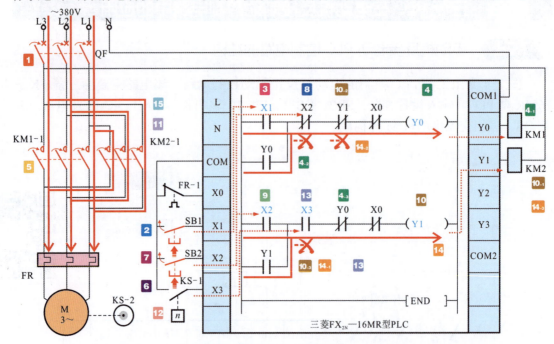

图 7-6　三菱 PLC 控制的电动机反接制动控制电路的控制过程

1 闭合 QF，接通三相电源。　　　　　　**2** 按下启动按钮 SB1，常开触点闭合。
3 将 PLC 内的 X1 置 1，该触点接通。　　**4** 输出继电器 Y0 得电。
　　4-1 控制 PLC 外接交流接触器线圈 KM1 得电。
　　4-2 自锁常开触点 Y0 闭合自锁，使松开的启动按钮仍保持接通。
　　4-3 常闭触点 Y0 断开，防止 Y2 得电，即防止接触器线圈 KM2 得电。
4-1 → **5** 主电路中的常开主触点 KM1-1 闭合，接通电动机电源，电动机启动运转。
4-1 → **6** 速度继电器 KS-2 与电动机连轴同速运转，KS-1 接通，PLC 内部触点 X3 接通。
7 按下停止按钮 SB2，常闭触点断开，控制 PLC 内输入继电器 X2 触点动作。
7 → **8** 控制输出继电器 Y0 线圈的常闭触点 X2 断开，输出继电器 Y0 线圈失电，控制 PLC 外接交流接触器线圈 KM1 失电，带动主电路中主触点 KM1-1 复位断开，电动机断电惯性运转。
7 → **9** 控制输出继电器 Y1 线圈的常开触点 X2 闭合。
10 输出继电器 Y1 线圈得电。
　　10-1 控制 PLC 外接 KM2 线圈得电。
　　10-2 自锁常开主触点 Y1 接通，实现自锁功能。
　　10-3 控制 Y0 线圈的常闭触点 Y1 断开，防止 Y0 得电，即防止接触器 KM1 线圈得电。
10-1 → **11** 带动主电路中主触点 KM2-1 闭合，电动机串联限流电阻器 R1～R3 后反接制动。
12 由于制动作用使电动机转速减小到零时，速度继电器 KS-1 断开。
13 将 PLC 内输入继电器 X3 置 0，即控制输出继电器 Y1 线圈的常开触点 X3 断开。
14 输出继电器 Y1 线圈失电。
　　14-1 常开触点 Y1 断开，解除自锁。
　　14-2 常闭触点 Y1 接通复位，为 Y0 下次得电做好准备。
　　14-3 PLC 外接的交流接触器 KM2 线圈失电。
14-3 → **15** 常开主触点 KM2-1 断开，电动机切断电源，制动结束，电动机停止运转。

7.3 三菱 PLC 在通风报警系统中的应用

7.3.1 通风报警 PLC 控制电路的结构

图 7-7 为由三菱 PLC 控制的通风报警 PLC 控制电路。该电路主要是由风机运行状态检测传感器 A、B、C、D，三菱 PLC，红色、绿色、黄色三个指示灯等构成的。

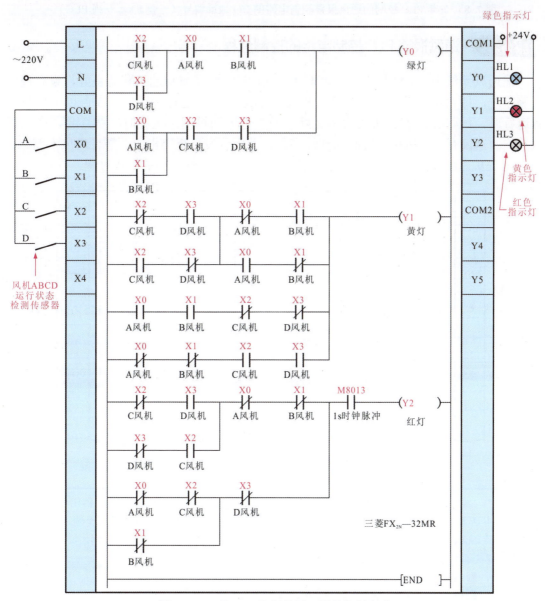

图 7-7 三菱 PLC 控制的通风报警控制电路

风机 A、B、C、D 运行状态传感器和指示灯分别连接 PLC 相应的 I/O 接口上，所连接的接口名称对应 PLC 内部程序的编程地址编号，如图 7-8 所示，由设计之初确定的 I/O 分配表设定。

输入信号及地址编号			输出信号及地址编号		
名称	代号	输入点地址编号	名称	代号	输出点地址编号
风机A运行状态检测传感器	A	X0	通风良好指示灯（绿）	HL1	Y0
风机B运行状态检测传感器	B	X1	通风不佳指示灯（黄）	HL2	Y1
风机C运行状态检测传感器	C	X2	通风太差指示灯（红）	HL3	Y2
风机D运行状态检测传感器	D	X3			

图 7-8　三菱 PLC 控制的通风报警控制电路的 I/O 地址编号（三菱 FX_{2N} 系列 PLC）

7.3.2　通风报警 PLC 控制电路的控制过程

在通风系统中，4 台电动机驱动 4 台风机运转，为了确保通风状态良好，设有通风报警系统，即由绿、黄、红指示灯对电动机的运行状态进行指示。当 3 台以上风机同时运行时，绿灯亮，表示通风状态良好；当 2 台电动机同时运转时，黄灯亮，表示通风不佳；当仅有一台风机运转时，红灯亮起，并闪烁发出报警指示，警告通风太差。

图 7-9 为由三菱 PLC 控制的通风报警控制电路中绿灯点亮的控制过程。

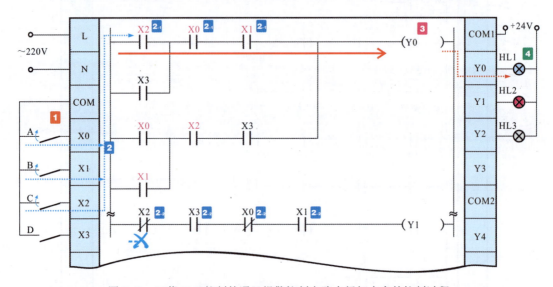

图 7-9　三菱 PLC 控制的通风报警控制电路中绿灯点亮的控制过程

当 3 台以上风机均运转时，风机 A、B、C、D 传感器中至少有 3 只传感器闭合，向 PLC 中送入传感信号。根据 PLC 内控制绿灯的梯形图程序可知，X0～X3 任意三个输入继电器触点闭合，总有一条程序能控制输出继电器 Y0 线圈得电，使 HL1 得电点亮。例如，当 A、B、C 三个传感器获得运转信息而闭合时：

1 当风机 A、B、C 传感器测得风机运转信息闭合时，常开触点闭合。

2 PLC 内相应输入继电器触点动作。

　2-1 将 PLC 内输入继电器 X0、X1、X2 的常开触点闭合。

　2-2 同时，输入继电器 X0、X1、X2 的常闭触点断开，使输出继电器 Y1、Y2 线圈不可得电。

2-1 → 3 输出继电器 Y0 线圈得电。

4 控制 PLC 外接绿色指示灯 HL1 点亮，指示目前通风状态良好。

图 7-10 为由三菱 PLC 控制的通风报警控制电路中黄灯、红灯点亮的控制过程。

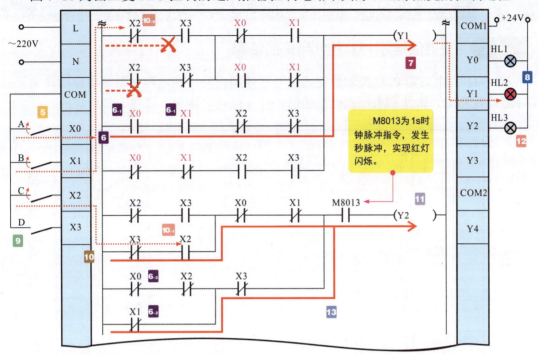

图 7-10　三菱 PLC 控制的通风报警控制电路中黄灯、红灯点亮的控制过程

当 2 台风机运转时，风机 A、B、C、D 传感器中至少有 2 只传感器闭合，向 PLC 中送入传感信号。根据 PLC 内控制黄灯的梯形图程序可知，X0～X3 任意两个输入继电器触点闭合，总有一条程序能控制输出继电器 Y1 线圈得电，从而使 HL2 得电点亮。例如，当 A、B 两个传感器获得运转信息而闭合时。

5 当风机 A、B 传感器测得风机运转信息闭合时，常开触点闭合。
6 PLC 内相应输入继电器触点动作。
　6-1 将 PLC 内输入继电器 X0、X1 的常开触点闭合。
　6-2 同时，输入继电器 X0、X1 的常闭触点断开，使输出继电器 Y2 线圈不可得电。
6-1 → 7 输出继电器 Y1 线圈得电。
8 控制 PLC 外接黄色指示灯 HL2 点亮，指示目前通风状态不佳。

当少于 2 台风机运转时，风机 A、B、C、D 传感器中无传感器闭合或仅有 1 只传感器闭合，向 PLC 中送入传感信号。根据 PLC 内控制红灯的梯形图程序可知，X0～X3 任意 1 个输入继电器触点闭合或无触点闭合送入信号，总有一条程序能控制输出继电器 Y2 线圈得电，从而使 HL3 得电点亮。例如，当仅 C 传感器获得运转信息而闭合时。

9 当风机 C 传感器测得风机运转信息闭合时，其常开触点闭合。
10 PLC 内相应输入继电器触点动作。
　10-1 将 PLC 内输入继电器 X2 的常开触点闭合。
　10-2 同时，输入继电器 X2 的常闭触点断开，使输出继电器 Y0、Y1 线圈不可得电。
10-1 → 11 输出继电器 Y2 线圈得电。
12 控制 PLC 外接红色指示灯 HL3 点亮。同时，在 M8013 的作用下发出 1s 时钟脉冲，使红色指示灯闪烁，发出报警指示目前通风太差。
13 当无风机运转时，风机 A、B、C、D 传感器都不动作，PLC 内梯形图程序中 Y2 线圈得电，控制红色指示灯 HL3 点亮，在 M8013 控制下闪烁发出报警。

7.4 三菱 PLC 在交通信号灯控制系统中的应用

7.4.1 交通信号灯 PLC 控制电路的结构

图 7-11 为由三菱 PLC 控制的交通信号灯控制电路。该电路主要是由启动开关、三菱 FX 系列 PLC、南北和东西两组交通信号灯（绿色、黄色、红色）等构成的。

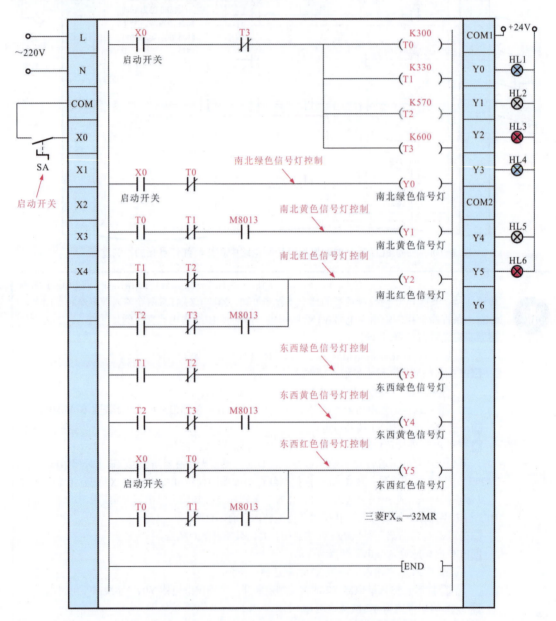

图 7-11 三菱 PLC 控制的交通信号灯控制电路

由三菱 PLC 控制的交通信号灯控制电路的基本功能为：当按下启动开关 SA，交通信号灯控制系统启动，南北绿色信号灯点亮，红色信号灯熄灭；东西绿色信号灯熄灭，红色信号灯点亮,南北方向车辆通行。

30s 后,南北黄色信号灯和东西红色信号灯同时以 5Hz 频率闪烁 3s 后,南北黄色信号灯熄灭,红色信号灯点亮;东西绿色信号灯点亮,红色信号灯熄灭,东西方向车辆通行。

24s 后,东西的黄色信号灯和南北的红色信号灯同时以 5Hz 频率闪烁 3s 后,又切换成南北车辆通行。如此往复,南北和东西的信号灯以 60s 为周期循环,控制车辆通行。

图 7-12 为三菱 PLC 控制的交通信号灯控制电路的 I/O 地址编号。

输入信号及地址编号				输出信号及地址编号		
名称	代号		输入点地址编号	名称	代号	输出点地址编号
启动开关	SA		X0	南北绿色信号灯	HL1	Y0
				南北黄色信号灯	HL2	Y1
				南北红色信号灯	HL3	Y2
				东西绿色信号灯	HL4	Y3
				东西黄色信号灯	HL5	Y4
				东西红色信号灯	HL6	Y5

图 7-12 三菱 PLC 控制的交通信号灯控制电路的 I/O 地址编号

为了清晰地了解控制电路的控制关系,可先理清交通信号灯的时序关系,如图 7-13 所示。

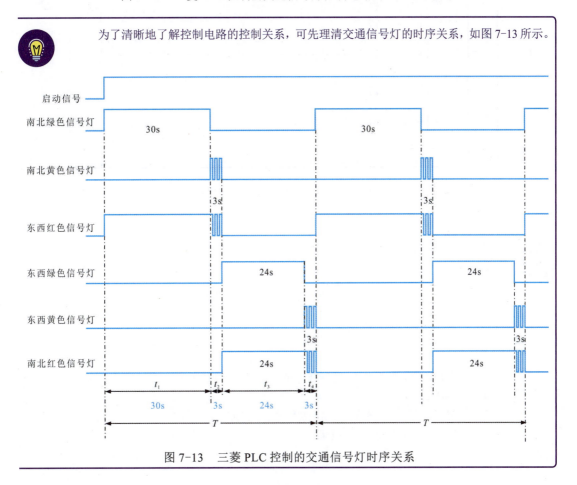

图 7-13 三菱 PLC 控制的交通信号灯时序关系

7.4.2 交通信号灯 PLC 控制电路的控制过程

交通信号灯的控制过程可结合 PLC 内部梯形图程序实现,当输入设备输入启动信号后,程序识别、执行和输出控制信号,控制输出设备实现电路功能,如图 7-14 所示。

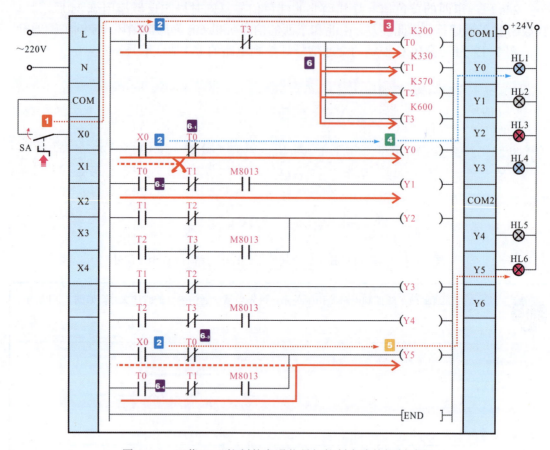

图 7-14 三菱 PLC 控制的交通信号灯控制电路的控制过程

1 将启动开关 SA 转换到启动位置,即常开触点闭合。

2 经 PLC 接口向内部送入启动信号,输入继电器 X0 常开触点闭合。

2→3 四个定时器 T0、T1、T2、T3 线圈均得电开始计时。

2→4 控制输出继电器 Y0 线圈得电,南北绿色信号灯 HL1 点亮。

2→5 控制输出继电器 Y5 线圈得电,东西红色信号灯 HL6 同时点亮。

此时,南北方向车辆通行。

6 当绿灯点亮 30s 后,T0 计时时间到,常开触点闭合,常闭触点断开。

6-1 控制输出继电器 Y0 线圈的常闭触点 T0 断开,南北绿色信号灯 HL1 熄灭。

6-2 控制输出继电器 Y1 线圈脉冲控制程序的常开触点 T0 闭合,南北黄色信号灯 HL2 以 5Hz 频率闪烁。

6-3 控制输出继电器 Y5 线圈的常闭触点 T0 断开。

6-4 控制输出继电器 Y5 线圈脉冲控制程序的常开触点 T0 闭合,东西红色信号灯 HL6 由点亮变为以 5Hz 频率闪烁。

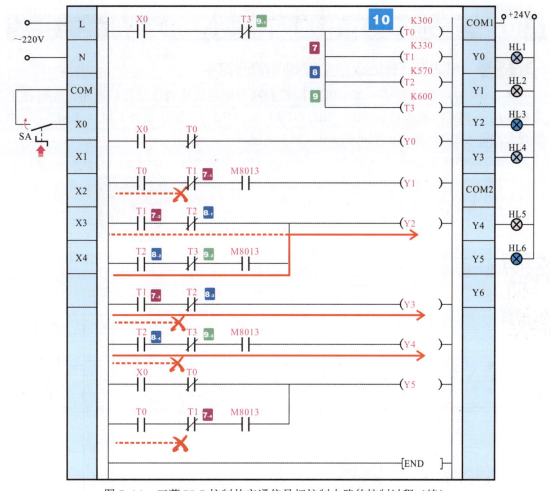

图 7-14 三菱 PLC 控制的交通信号灯控制电路的控制过程（续）

7 经过 3s 后，定时器 T1 计时时间到，常开触点闭合，常闭触点断开。

  7₋₁ 控制输出继电器 Y1 线圈的常闭触点 T1 断开，南北黄色信号灯 HL2 熄灭。

  7₋₂ 控制输出继电器 Y2 线圈的常开触点 T1 闭合，南北红色信号灯 HL3 点亮。

  7₋₃ 控制输出继电器 Y3 线圈的常开触点 T1 闭合，东西绿色信号灯点亮。

  7₋₄ 控制输出继电器 Y5 线圈的常闭触点 T1 断开，东西红色信号灯 HL6 熄灭。

  此时，东西方向车辆通行。

8 经过 24s 后，定时器 T2 计时时间到，常开触点闭合，常闭触点断开。

  8₋₁ 控制输出继电器 Y2 线圈的常开触点断开。

  8₋₂ 控制输出继电器 Y2 线圈的常开触点闭合，南北红色信号灯 HL3 开始闪烁。

  8₋₃ 控制输出继电器 Y3 线圈的常闭触点断开，东西绿色信号灯熄灭。

  8₋₄ 控制输出继电器 Y4 线圈的常开触点闭合，东西黄色信号灯开始闪烁。

9 经过 3s 后，定时器 T3 计时时间到，常开触点闭合，常闭触点断开。

  9₋₁ 控制四只定时器复位的常闭触点 T3 断开。

  9₋₂ 控制输出继电器 Y2 线圈的常闭触点 T3 断开，南北红色信号灯熄灭。

  9₋₃ 控制输出继电器 Y4 线圈的常闭触点 T3 断开，东西黄色信号灯熄灭。

9₋₁→10 所有定时器复位并重新开始定时，一个新的循环周期开始。

7.5 西门子 PLC 在电动机交替运行电路中的应用

7.5.1 电动机交替运行 PLC 控制电路的结构

图 7-15 为由西门子 S7—200 PLC 控制的两台电动机交替运行控制电路。该电路主要由西门子 PLC，输入设备 SB1、SB2、FR1-1、FR2-1，输出设备 KM1、KM2，电源总开关 QS，两台三相交流电动机 M1、M2 等构成。

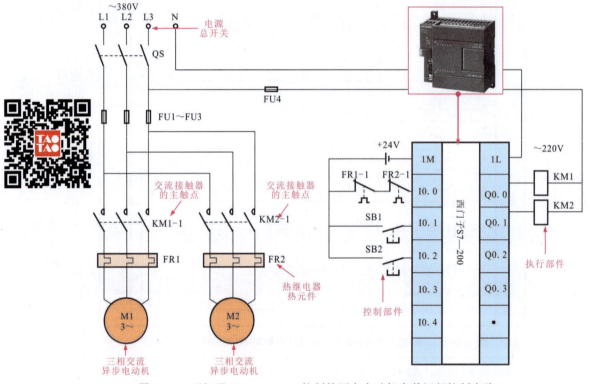

图 7-15　西门子 S7—200 PLC 控制的两台电动机交替运行控制电路

图 7-16 为西门子 S7—200PLC 控制的两台电动机交替运行控制电路的 I/O 地址编号。

输入信号及地址编号			输出信号及地址编号		
名称	代号	输入点地址编号	名称	代号	输出点地址编号
热继电器	FR1-1、FR2-1	I0.0	控制电动机M1的接触器	KM1	Q0.0
启动按钮	SB1	I0.1	控制电动机M2的接触器	KM2	Q0.1
停止按钮	SB2	I0.2			

图 7-16　西门子 S7—200PLC 控制的两台电动机交替运行控制电路的 I/O 地址编号

7.5.2 电动机交替运行 PLC 控制电路的控制过程

从控制部件、梯形图程序与执行部件的控制关系入手，逐一分析各组成部件的动作状态即可弄清两台电动机在 PLC 控制下实现交替运行的控制过程，如图 7-17 所示。

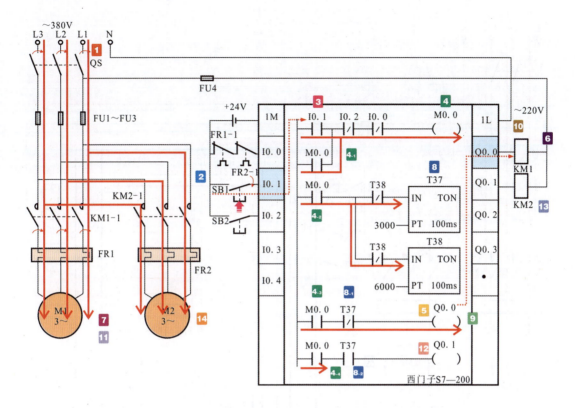

图 7-17 西门子 S7—200 PLC 控制的两台电动机交替运行控制电路的控制过程

1 合上总电源开关 QS，接通三相电源。
2 按下电动机 M1 的启动按钮 SB1。
3 将 PLC 程序中的输入继电器常开触点 I0.1 置 1，即常开触点 I0.1 闭合。
4 辅助继电器 M0.0 线圈得电。
  4-1 自锁常开触点 M0.0 闭合实现自锁功能。
  4-2 控制定时器 T37、T38 的常开触点 M0.0 闭合。
  4-3 控制输出继电器 Q0.0 的常开触点 M0.0 闭合。
  4-4 控制输出继电器 Q0.1 的常开触点 M0.0 闭合。
4-3→**5** 程序中输出继电器 Q0.0 线圈得电。
6 控制 PLC 外接电动机 M1 的接触器 KM1 线圈得电，带动主电路中的主触点 KM1-1 闭合。
7 接通 M1 电源，电动机 M1 启动运转。
4-2→**8** 定时器 T37 线圈得电，开始计时。
  8-1 计时时间到，控制 Q0.0 延时断开的常闭触点 T37 断开。
  8-2 计时时间到，控制 Q0.1 延时闭合的常开触点 T37 闭合。
8-1→**9** 程序中输出继电器 Q0.0 线圈失电。
10 程序中输出继电器 Q0.0 线圈失电。
11 切断电动机 M1 电源，M1 停止运转。
8-2→**12** 该程序中输出继电器 Q0.1 线圈得电。
13 PLC 外接电动机 M2 的接触器 KM2 线圈得电，带动主电路中的主触点 KM2-1 闭合。
14 接通电动机 M2 电源，M2 启动运转。

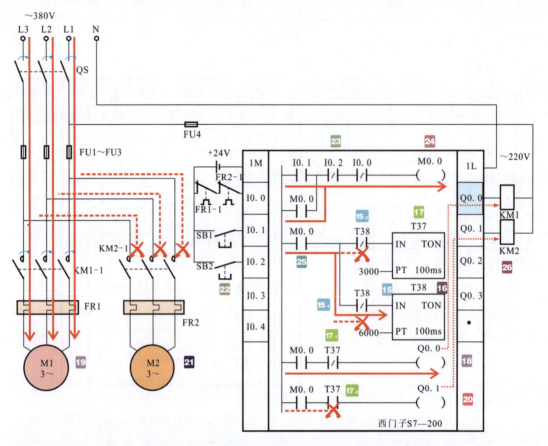

图 7-17 西门子 S7—200 PLC 控制的两台电动机交替运行控制电路的控制过程（续）

15 定时器 T38 线圈得电，开始计时。
　　15-1 计时时间到（延时 10min），控制定时器 T38 延时断开的常闭触点 T38 断开。
　　15-2 计时时间到（延时 10min），控制定时器 T37 延时断开的常闭触点 T38 断开。
15-1 → 16 定时器 T38 线圈失电，将自身复位，进入下一次循环。
17 控制该程序段中的定时器 T37 线圈失电。
　　17-1 控制输出继电器 Q0.0 的延时断开的常闭触点 T37 复位闭合。
　　17-2 控制输出继电器 Q0.1 的延时闭合的常开触点 T37 复位断开。
17-1 → 18 程序中输出继电器 Q0.0 线圈得电。
19 控制 PLC 外接电动机 M1 的接触器 KM1 线圈再次得电，带动主电路中的主触点闭合，接通电动机 M1 电源，电动机 M1 再次启动运转。
17-2 → 20 程序中输出继电器 Q0.1 线圈失电。
21 控制 PLC 外接电动机 M2 的接触器 KM2 线圈失电，带动主电路中的主触点复位断开，切断电动机 M2 电源，电动机 M2 停止运转。
22 当需要两台电动机停止运转时，按下 PLC 输入接口外接的停止按钮 SB2。
23 将 PLC 程序中的输入继电器常闭触点 I0.2 置 0，即常闭触点 I0.2 断开。
24 辅助继电器 M0.0 线圈失电，触点复位。
25 定时器 T37、T38，输出继电器 Q0.0、Q0.1 线圈均失电。
26 控制 PLC 外接电动机接触器线圈失电，带动主电路中的主触点复位断开，切断电动机电源，电动机停止循环运转。

7.6 西门子 PLC 在电动机 Y—△降压启动控制电路中的应用

7.6.1 电动机 Y—△降压启动 PLC 控制电路的结构

图 7-18 为由西门子 S7—200 PLC 控制电动机 Y-△减压启动控制电路。该电路是指三相交流电动机在 PLC 控制下,启动时,绕组按 Y(星形)连接,减压启动;启动后,自动转换成△(三角形)连接进行全压运行。

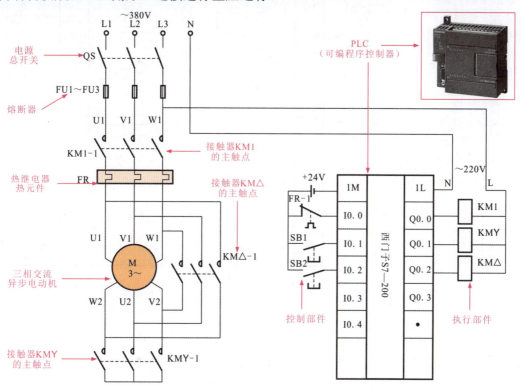

图 7-18　西门子 S7—200 PLC 控制的电动机 Y-△减压启动控制电路

图 7-19 为西门子 S7—200 PLC 控制的三相交流异步电动机 Y-△减压启动控制电路的 I/O 地址编号。

输入信号及地址编号			输出信号及地址编号		
名称	代号	输入点地址编号	名称	代号	输出点地址编号
热继电器	FR-1	I0.0	电源供电主接触器	KM1	Q0.0
启动按钮	SB1	I0.2	Y连接接触器	KMY	Q0.1
停止按钮	SB2	I0.3	△连接接触器	KM△	Q0.2
		I0.4			

图 7-19　西门子 S7—200 PLC 控制的三相交流异步电动机 Y-△减压启动控制电路的 I/O 地址编号

7.6.2 电动机 Y—△降压启动 PLC 控制电路的控制过程

从控制部件、梯形图程序与执行部件的控制关系入手,分析各组成部件的动作状态,即可搞清电动机在 PLC 控制下实现 Y-△减压启动的控制过程,如图 7-20 所示。

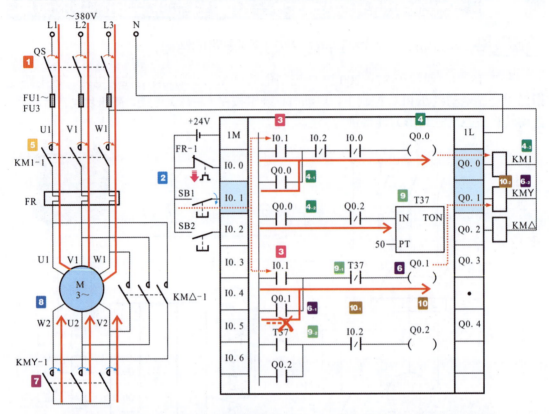

图 7-20 西门子 S7—200 PLC 控制的电动机 Y-△减压启动的控制电路的控制过程

1 合上电源总开关 QS,接通三相电源。

2 按下电动机 M 的启动按钮 SB1。

3 将 PLC 程序中的输入继电器常开触点 I0.1 置 1,即常开触点 I0.1 闭合。

3 → **4** 输出继电器 Q0.0 线圈得电。

  4-1 自锁触点 Q0.0 闭合自锁;

  4-2 同时,控制定时器 T37 的 Q0.0 闭合,T37 线圈得电,开始计时。

  4-3 控制 PLC 输出接口端外接电源供电主接触器 KM1 线圈得电。

4-3 → **5** 带动主触点 KM1-1 闭合,接通主电路供电电源。

3 → **6** 输出继电器 Q0.1 线圈同时得电。

  6-1 自锁触点 Q0.1 闭合自锁。

  6-2 控制 PLC 外接 Y 连接接触器 KMY 线圈得电。

6-2 → **7** 接触器在主电路中的主触点 KMY-1 闭合。

7 → **8** 电动机三相绕组 Y 连接,接通电源,开始减压启动。

9 定时器 T37 计时时间到(延时 5s)。

  9-1 控制输出继电器 Q0.1 延时断开的常闭触点 T37 断开。

  9-2 控制输出继电器 Q0.2 延时闭合的常开触点 T37 闭合。

9-1 → **10** 输出继电器 Q0.1 线圈失电。

  10-1 自锁常开触点 Q0.1 复位断开,解除自锁。

  10-2 控制 PLC 外接 Y 连接接触器 KMY 线圈失电。

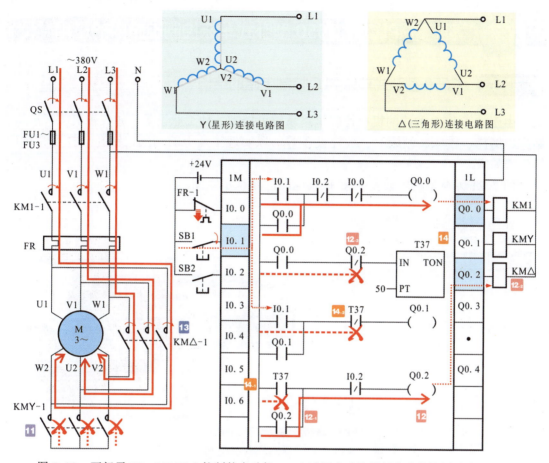

图 7-20　西门子 S7—200 PLC 控制的电动机 Y-△减压启动的控制电路的控制过程（续）

10-2→11 主触点 KMY-1 复位断开，电动机三相绕组取消 Y 连接方式。
9-2→12 输出继电器 Q0.2 线圈得电。
　　12-1 自锁常开触点 Q0.2 闭合，实现自锁功能。
　　12-2 控制 PLC 外接△连接接触器 KM△线圈得电。
　　12-3 控制 T37 延时断开的常闭触点 Q0.2 断开。
12-2→13 主触点 KM△-1 闭合，电动机绕组接成△连接，开始全压运行。
12-3→14 控制该程序中的定时器 T37 线圈失电。
　　14-1 控制 Q0.2 的延时闭合的常开触点 T37 复位断开，由于 Q0.2 自锁，故仍保持得电状态。
　　14-2 控制 Q0.1 的延时断开的常闭触点 T37 复位闭合，为 Q0.1 下一次得电做好准备。

　　当需要电动机停转时，按下停止按钮 SB2，将 PLC 程序中的输入继电器常闭触点 I0.2 置 0，即常闭触点 I0.2 断开，输出继电器 Q0.0 线圈失电，自锁常开触点 Q0.0 复位断开，解除自锁；控制定时器 T37 的常开触点 Q0.0 复位断开；控制 PLC 外接电源供电主接触器 KM1 线圈失电，带动主电路中主触点 KM1-1 复位断开，切断主电路电源。
　　同时，输出继电器 Q0.2 线圈失电，自锁常开触点 Q0.2 复位断开，解除自锁；控制定时器 T37 的常闭触点 Q0.2 复位闭合，为定时器 T37 下一次得电做好准备；控制 PLC 外接△连接接触器 KM△线圈失电，带动主电路中主触点 KM△-1 复位断开，三相交流电动机取消△连接，电动机停转。

7.7 西门子 PLC 在 C650 型卧式车床控制电路中的应用

7.7.1 C650 型卧式车床 PLC 控制电路的结构

由西门子 PLC 构成的机电控制电路系统可控制各种工业设备,如各种机床(车床、钻床、磨床、铣床、刨床)、数控设备等,以实现工业上的切削、钻孔、打磨、传送等生产需求。

图 7-21 为典型机电设备 PLC 控制电路的结构示意图。

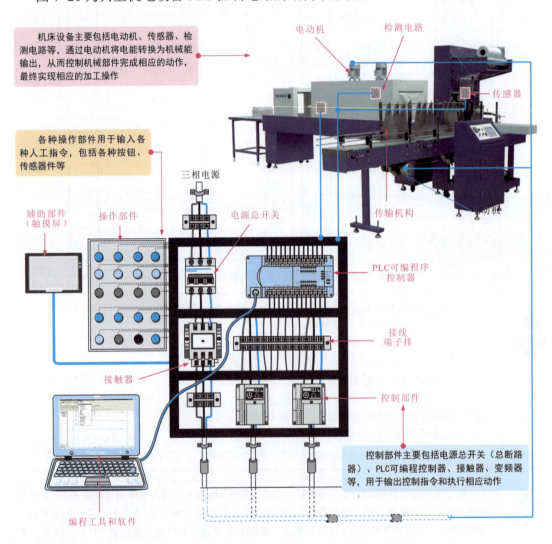

图 7-21 典型机电设备 PLC 控制电路的结构示意图

图 7-22 为由西门子 S7—200 型 PLC 控制的 C650 型卧式车床控制电路。该电路主要以西门子 S7—200 型 PLC 为控制核心,配合外围的操作部件(控制按钮、传感器等)、执行部件(继电器、接触器、电磁阀等)和机床的机械部分完成自动化控制功能。

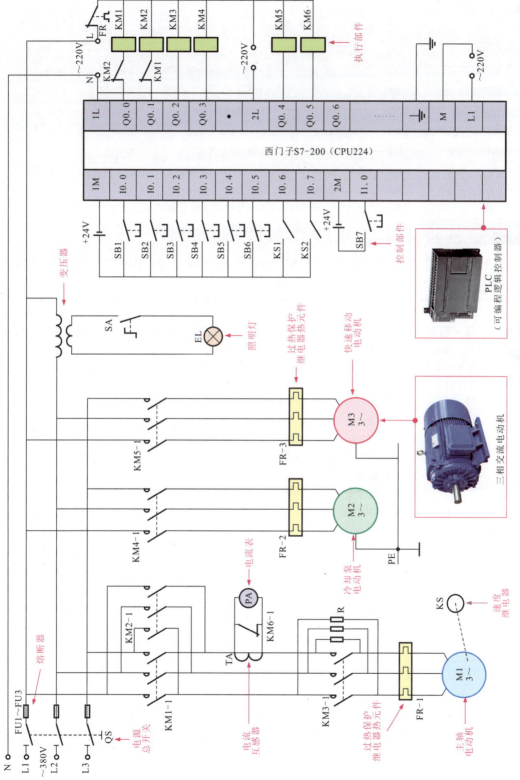

图7-22 由西门子S7-200型PLC控制的C650型卧式车床控制电路

图 7-23 为西门子 S7—200 型 PLC 控制的 C650 型卧式车床控制电路的 I/O 地址分配表。

输入信号及地址编号			输出信号及地址编号		
名称	代号	输入点地址编号	名称	代号	输出点地址编号
停止按钮	SB1	I0.0	主轴电动机M1正转接触器	KM1	Q0.0
点动按钮	SB2	I0.1	主轴电动机M1反转接触器	KM2	Q0.1
正转启动按钮	SB3	I0.2	切断电阻接触器	KM3	Q0.2
反转启动按钮	SB4	I0.3	冷却泵接触器	KM4	Q0.3
冷却泵启动按钮	SB5	I0.4	快速电动机接触器	KM5	Q0.4
冷却泵停止按钮	SB6	I0.5	电流表接入接触器	KM6	Q0.5
速度继电器正转触点	KS1	I0.6			

图 7-23 西门子 S7—200 型 PLC 控制的 C650 型卧式车床控制电路的 I/O 地址分配表

7.7.2 C650 型卧式车床 PLC 控制电路的控制过程

结合 PLC 梯形图程序分析西门子 S7-200 型控制的 C650 型卧式车床控制电路的控制过程如图 7-24 所示。

1 按下点动按钮 SB2，PLC 程序中的输入继电器常开触点 I0.1 置"1"，即常开触点 I0.1 闭合。

1 → 2 输出继电器 Q0.0 线圈得电，控制 PLC 外接主轴电动机 M1 的正转接触器 KM1 线圈得电，带动主电路中的主触点闭合，接通电动机 M1 正转电源，电动机 M1 正转启动。

3 松开点动按钮 SB2，PLC 程序中的输入继电器常开触点 I0.1 复位置"0"，即常开触点 I0.1 断开。

3 → 4 输出继电器 Q0.0 线圈失电，控制 PLC 外接主轴电动机 M1 的正转接触器 KM1 线圈失电释放，电动机 M1 停转。

上述控制过程使主轴电动机 M1 完成一次点动控制循环。

5 按下正转启动按钮 SB3，将 PLC 程序中的输入继电器常开触点 I0.2 置"1"。

　　5-1 控制输出继电器 Q0.2 的常开触点 I0.2 闭合。

　　5-2 控制输出继电器 Q0.0 的常开触点 I0.2 闭合。

5 → 6 输出继电器 Q0.2 线圈得电。

　　6-1 PLC 外接接触器 KM3 线圈得电，带动主触点闭合。

　　6-2 自锁常开触点 Q0.2 闭合，实现自锁功能。

　　6-3 控制输出继电器 Q0.0 的常开触点 Q0.2 闭合。

　　6-4 控制输出继电器 Q0.0 的常闭触点 Q0.2 断开。

　　6-5 控制输出继电器 Q0.1 的常开触点 Q0.2 闭合。

　　6-6 控制输出继电器 Q0.1 制动线路中的常闭触点 Q0.2 断开。

5-1 → 7 定时器 T37 线圈得电，开始 5s 计时。计时时间到，定时器延时闭合常开触点 T37 闭合。

5-2 + 6-3 → 8 输出继电器 Q0.0 线圈得电。

　　8-1 PLC 外接接触器 KM1 线圈得电吸合。

　　8-2 自锁常开触点 Q0.0 闭合，实现自锁功能。

　　8-3 控制输出继电器 Q0.1 的常闭触点 Q0.0 断开，实现互锁，防止 Q0.1 得电。

6-1 + 8-1 → 9 电动机 M1 短接电阻器 R 正转启动。

7 → 10 输出继电器 Q0.5 线圈得电，PLC 外接接触器 KM6 线圈得电吸合，带动主电路中常闭触点断开，电流表 PA 投入使用。

主轴电动机 M1 反转启动运行的控制过程与上述过程大致相同，可参照上述分析进行了解。

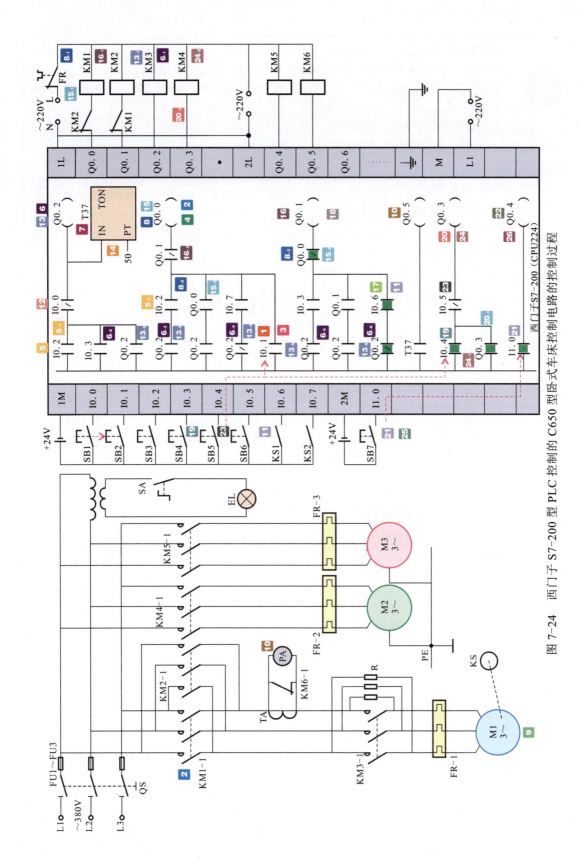

图 7-24 西门子 S7-200 型 PLC 控制的 C650 型卧式车床控制电路的控制过程

11 主轴电动机正转启动，转速上升至 130r/min 以上后，速度继电器的正转触点 KS1 闭合，将 PLC 程序中的输入继电器常开触点 I0.6 置"1"，即常开触点 I0.6 闭合。

12 按下停止按钮 SB1，将 PLC 程序中的输入继电器常闭触点 I0.0 置"0"，即梯形图中的常闭触点 I0.0 断开。

12 → **13** 输出继电器 Q0.2 线圈失电。

13-1 PLC 外接接触器 KM3 线圈失电释放。

13-2 自锁常开触点 Q0.2 复位断开，解除自锁。

13-3 控制输出继电器 Q0.0 中的常开触点 Q0.2 复位断开。

13-4 控制输出继电器 Q0.0 制动线路中的常闭触点 Q0.2 复位闭合。

13-5 控制输出继电器 Q0.1 中的常开触点 Q0.2 复位断开。

13-6 控制输出继电器 Q0.1 制动线路中的常闭触点 Q0.2 复位闭合。

12 → **14** 定时器线圈 T37 失电。

13-3 → **15** 输出继电器 Q0.0 线圈失电。

15-1 PLC 外接接触器 KM1 线圈失电释放，带动主电路中常开触点复位断开。

15-2 自锁常开触点 Q0.0 复位断开，解除自锁。

15-3 控制输出继电器 Q0.1 的互锁常闭触点 Q0.0 闭合。

11 + **13-6** + **15-3** → **16** 输出继电器 Q0.1 线圈得电。

16-1 控制 PLC 外接接触器 KM2 线圈得电，电动机 M1 串电阻 R 反接启动。

16-2 控制输出继电器 Q0.0 的互锁常闭触点 Q0.1 断开，防止 Q0.0 得电。

16-1 → **17** 当电动机转速下降至 130 r/min 以下时，速度继电器正转触点 KS1 断开，PLC 程序中的输入继电器常开触点 I0.6 复位置"0"，即常开触点 I0.6 断开。

17 → **18** 输出继电器 Q0.1 线圈失电，PLC 外接接触器 KM2 线圈失电释放，电动机停转，反接制动结束。

19 按下冷却泵启动按钮 SB5，PLC 程序中的输入继电器常开触点 I0.4 置"1"，即常开触点 I0.4 闭合。

19 → **20** 输出继电器线圈 Q0.3 得电。

20-1 自锁常开触点 Q0.3 闭合，实现自锁功能。

20-2 PLC 外接接触器 KM4 线圈得电吸合，带动主电路中主触点闭合，冷却泵电动机 M2 启动，提供冷却液。

21 按下刀架快速移动点动按钮 SB7，PLC 程序中的输入继电器常开触点 I1.0 置"1"，即常开触点 I1.0 闭合。

21 → **22** 输出继电器线圈 Q0.4 得电，PLC 外接接触器 KM5 线圈得电吸合，带动主电路中主触点闭合，快速移动电动机 M3 启动，带动刀架快速移动。

23 按下冷却泵停止按钮 SB6，PLC 程序中的输入继电器常闭触点 I0.5 置"0"，即常闭触点 I0.5 断开。

23 → **24** 输出继电器线圈 Q0.3 失电。

24-1 自锁常开触点 Q0.3 复位断开，解除自锁。

24-2 PLC 外接接触器 KM4 线圈失电释放，带动主电路中主触点断开，冷却泵电动机 M2 停转。

25 松开刀架快速移动点动按钮 SB7，PLC 程序中的输入继电器常闭触点 I1.0 置"0"，即常闭触点 I1.0 断开。

25 → **26** 输出继电器线圈 Q0.4 失电，PLC 外接接触器 KM5 线圈失电释放，主电路中主触点断开，快速移动电动机 M3 停转。

第8章 变频器的结构和功能特点

8.1 变频器的种类和功能特点

变频器的英文名称为 VFD 或 VVVF，是一种利用逆变电路方式将恒频恒压电源变成频率和电压可变的电源，进而对电动机进行调速控制的电气装置。

8.1.1 变频器的种类

市场上变频器的类型多种多样，可按用途、变频方式、电源性质等几个方面进行分类。

1 根据用途分类

变频器按用途可分为通用变频器和专用变频器两大类，如图 8-1 所示。

三菱D700型通用变频器

安川J1000型通用变频器

西门子MM420型通用变频器

通用变频器是指在很多方面具有很强通用性的变频器，简化了一些系统功能，并主要以节能为主要目的，多为中、小容量变频器，是目前工业领域中应用数量最多、最普遍的一种变频器，适用于工业通用电动机和一般变频电动机，一般由交流低压220V/380V（50Hz）供电，对使用的环境没有严格的要求，以简便的控制方式为主

风机专用变频器

电梯专用变频器

恒压供水（水泵）专用变频器

水泵风机专用变频器

卷绕专用变频器

线切割专用变频器

专用变频器是指专门针对某一方面或某一领域而设计研发的变频器，针对性较强，具有适用于所针对领域独有的功能和优势，能够更好地发挥变频调速的作用。

目前，较常见的专用变频器主要有风机专用变频器、电梯专用变频器、恒压供水（水泵）专用变频器、卷绕专用变频器、线切割专用变频器等

图 8-1 根据用途分类的变频器

2 根据变频方式分类

变频器根据变频方式可以分为交—直—交变频器和交—交变频器，如图 8-2 所示。

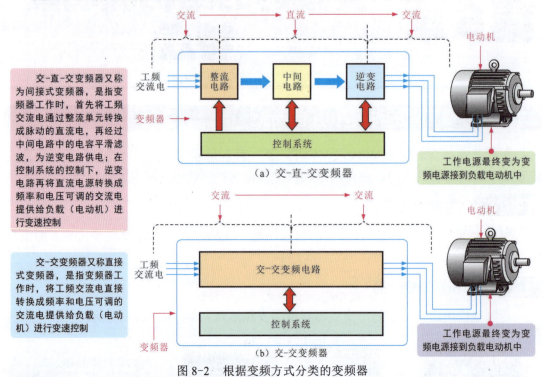

图 8-2 根据变频方式分类的变频器

3 根据电源性质分类

在交—直—交变频器中，根据中间电路部分电源性质的不同，又可将变频器分为两大类：电压型变频器和电流型变频器，如图 8-3 所示。

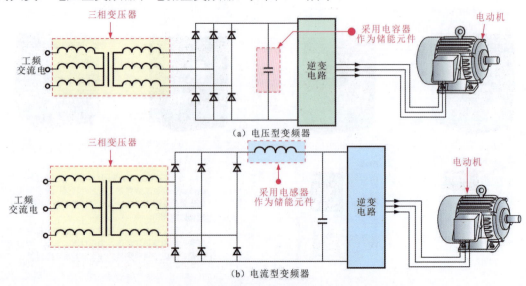

图 8-3 根据电源性质分类的变频器

电压型变频器的特点是中间电路采用电容器作为直流储能元件，缓冲负载的无功功率，直流电压比较平稳，直流电源内阻较小，相当于电压源，故电压型变频器常用于负载电压变化较大的场合。

电流型变频器的特点是中间电路采用电感器作为直流储能元件，缓冲负载的无功功率，即扼制电流的变化，使电压接近正弦波，由于该直流内阻较大，可扼制负载电流频繁而急剧变化，故电流型变频器常用于负载电流变化较大的场合，适用于需要回馈制动和经常正、反转的生产机械。

电压型变频器与电流型变频器不仅在电路结构上不同，性能及使用范围也有所差别。图 8-4 为两种类型变频器的比较。

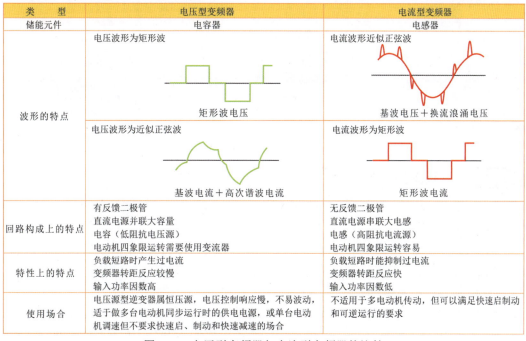

类型	电压型变频器	电流型变频器
储能元件	电容器	电感器
波形的特点	电压波形为矩形波（矩形波电压）；电压波形为近似正弦波（基波电流＋高次谐波电流）	电流波形近似正弦波（基波电压＋换流浪涌电压）；电流波形为矩形波（矩形波电流）
回路构成上的特点	有反馈二极管；直流电源并联大容量电容（低阻抗电压源）；电动机四象限运转需要使用变流器	无反馈二极管；直流电源串联大电感；电感（高阻抗电流源）；电动机四象限运转容易
特性上的特点	负载短路时产生过电流；变频器转距反应较慢；输入功率因数高	负载短路时能抑制过电流；变频器转距反应快；输入功率因数低
使用场合	电压源型逆变器属恒压源，电压控制响应慢，不易波动，适于做多台电动机同步运行时的供电电源，或单台电动机调速但不要求快速启、制动和快速减速的场合	不适用于多电动机传动，但可以满足快速启制动和可逆运行的要求

图 8-4　电压型变频器与电流型变频器的比较

除上述几种分类方式外，变频器还可按照变频控制方式分为压／频（U/f）控制变频器、转差频率控制变频器、矢量控制变频器、直接转矩控制变频器等。

变频器按调压方法主要分为 PAM 变频器和 PWM 变频器。PAM 是 Pulse Amplitude Modulation（脉冲幅度调制）的缩写。PAM 变频器是按照一定规律对脉冲列的脉冲幅度进行调制，控制输出的量值和波形，实际上就是能量的大小用脉冲的幅度来表示，整流输出电路中增加绝缘栅双极型晶体管（IGBT），通过对 IGBT 的控制改变整流电路输出的直流电压幅度（140～390V），使变频电路输出的脉冲电压不但宽度可变，而且幅度也可变。

PWM 是 Pulse Width Modulation（脉冲宽度调制）的缩写。PWM 变频器同样是按照一定规律对脉冲列的脉冲宽度进行调制，控制输出量和波形，实际上就是能量的大小用脉冲的宽度来表示，整流电路输出的直流供电电压基本不变，变频器功率模块的输出电压幅度恒定，控制脉冲的宽度受微处理器控制。

变频器按输入电流的相数分为三进三出、单进三出。其中，三进三出是指变频器的输入侧和输出侧都是三相交流电，大多数变频器属于该类。单进三出是指变频器的输入侧为单相交流电，输出侧是三相交流电，一般家用电器设备中的变频器为该类方式。

8.1.2 变频器的功能应用

变频器主要用于需要调整转速的设备中,既可以改变输出电压,又可以改变频率(即改变电动机的转速)。图8-5为变频器的功能应用。

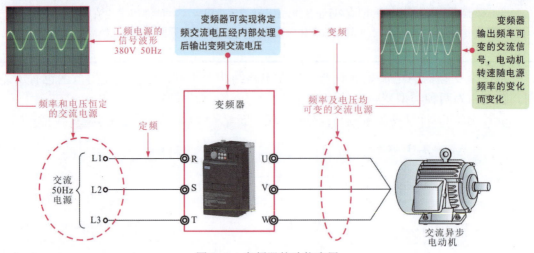

图8-5 变频器的功能应用

1 变频器的功能

变频器是一种集启/停控制、变频调速、显示及按键设置功能、保护功能等于一体的电动机控制装置。

(1)变频器具有启/停控制功能。变频器接收到启动和停止指令后,可根据预先设定的启动和停止方式控制电动机的启动与停止,主要的控制功能包含软启动控制、加/减速控制、停机及制动控制等功能。

◇变频器具有软启动功能。变频器具备最基本的软启动功能,可实现被控负载电动机的启动电流从零开始,最大值也不超过额定电流的150%,减轻了对电网的冲击和对供电容量的要求。图8-6为电动机在硬启动、变频器软启动两种启动方式中启动电流、转速上升状态的比较。

◇变频器的加/减速控制功能。如图8-7所示,在使用变频器控制电动机时,变频器输出的频率和电压可从低频低压加速至额定频率和额定电压,或从额定频率和额定电压减速至低频低压,加/减的快慢可以由用户选择加/减速方式设定,即改变上升或下降频率。其基本原则是,在电动机启动电流允许的条件下,尽可能缩短加/减速时间。

◇在变频器控制中,停止及制动方式可以受控,且一般变频器都具有多种停止方式及制动方式可以设定或选择,如减速停止、自由停止、减速停止+制动等,可减少对机械部件和电动机的冲击,使整个系统更加可靠。

变频器经常使用的制动方式有两种,即直流制动、外接制动电阻和制动单元,用来满足不同用户的需要。

◆直流制动。

变频器的直流制动是指当电动机的工作频率下降到一定范围时,变频器向电动机的绕组间接入直流电压,使电动机迅速停止转动。在直流制动中,用户需对变频器的

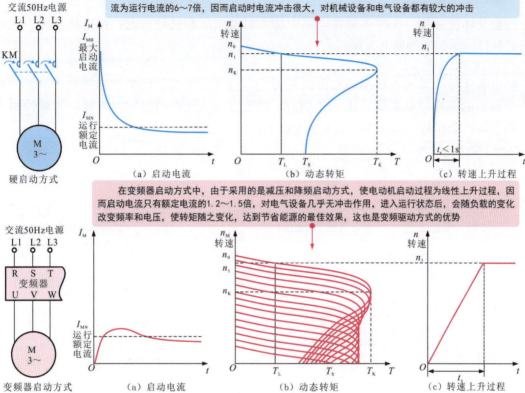

图 8-6 电动机在硬启动、变频器启动两种启动方式中启动电流、转速上升状态的比较

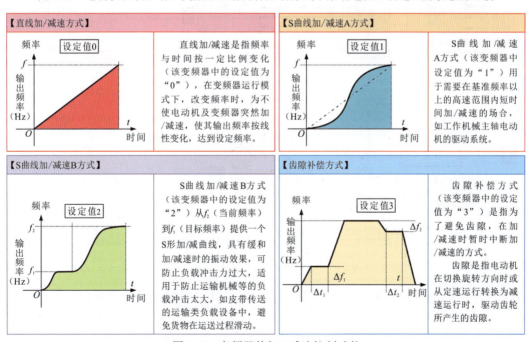

图 8-7 变频器的加 / 减速控制功能

直流制动电压、直流制动时间及直流制动起始频率等参数进行设置。

◆ 外接制动电阻和制动单元。

当变频器输出频率下降过快时,电动机将产生回馈制动电流,使直流电压上升,可能会损坏变频器,此时在回馈电路中加入制动电阻和制动单元,将直流回路中的能量消耗掉,保护变频器并实现制动。

(2)变频器具有调速控制功能。在由变频器控制的电动机线路中,变频器可以将工频电源通过一系列的转换使输出频率可变,自动完成电动机的调速控制。目前,多数变频器的调速控制主要有压/频(U/f)控制方式、转差频率控制方式、矢量控制方式和直接转矩控制方式四种,如图8-8所示。

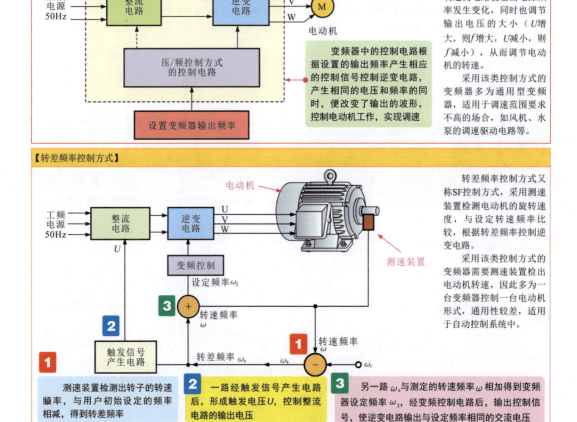

图8-8 变频器的调速控制功能

（3）变频器具有显示及按键设置功能。通过变频器前面板上的显示屏及操作按键实现，用户可通过操作按键设定变频器各项参数，并通过显示屏观看设定值、运行状态等信息。

（4）变频器具有安全保护功能。变频器内部设有保护电路，可实现对自身及负载电动机的各种异常保护功能，主要包括过载保护和防失速保护，如图 8-9 所示。

过热（过载）保护

变频器的过热（过载）保护即过流保护或过热保护。变频器中大都配置了电子热保护功能，或采用热继电器实现过热保护。过热（过载）保护功能是通过监测负载电动机及变频器本身的温度，当变频器所控制的负载惯性过大或因负载过大引起电动机堵转时，输出电流超过额定值或交流电动机过热时，保护电路动作，电动机停转，防止变频器及负载电动机损坏。

防失速保护

失速是指当给定的加速时间过短，电动机加速变化远远跟不上变频器的输出频率变化时，变频器会因电流过大而跳闸，运转停止。

为了防止上述失速现象影响电动机的正常运转，变频器内部设有防失速保护电路，可检出电流的大小，当加速电流过大时适当放慢加速速率，减速电流过大时也适当放慢减速速率，以防出现失速情况。

另外，变频器内的保护电路可在运行中实现过电流短路保护、过电压保护、冷却风扇过热和瞬时停电保护等，当检测到异常状态后，可控制内部电路停机保护。

图 8-9　变频器的安全保护功能

为了便于通信及人机交互，变频器上通常设有不同的通信接口，可用于与 PLC 自动控制系统及远程操作盘、通信模块、计算机等进行通信连接。

变频器作为一种新型的电动机控制装置，除上述功能特点外，还具有运转精度高、功率因数可控等特点。

2　变频器的应用

变频器是一种依托变频技术开发的新型智能型驱动和控制装置，各种突出功能在节能、提高产品质量或生产效率、改造传统产业实现机电一体化、工厂自动化和改善环境等方面得到了广泛的应用，所涉及的行业领域也越来越广泛。简单来说，只要是使用交流电动机的地方，几乎都可以应用变频器。

图 8-10 为变频器在提高产品质量或生产效率方面的应用。

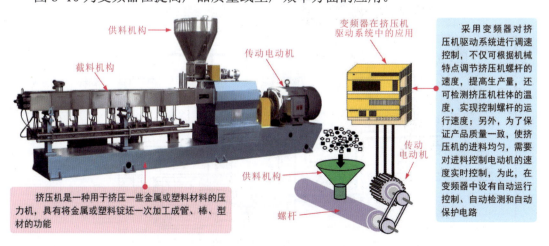

图 8-10　变频器在提高产品质量或生产效率方面的应用

图 8-11 为变频器在节能方面的应用。

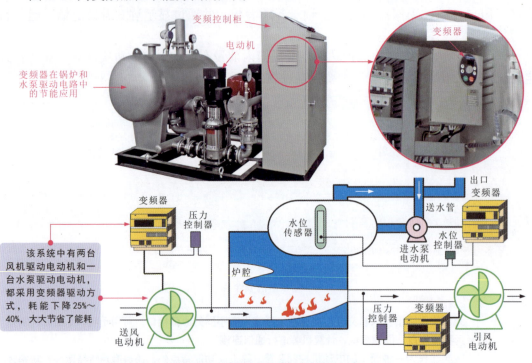

图 8-11　变频器在节能方面的应用

图 8-12 为变频器在民用改善环境中的应用。

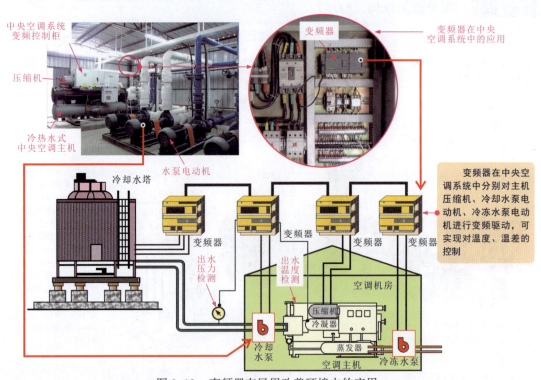

图 8-12　变频器在民用改善环境中的应用

8.2 变频器的结构组成

目前，市场上流行的变频器种类繁多，型号各异，但从结构组成来看，都有外部和内部两大部分。

8.2.1 变频器的外部结构

不同品牌的变频器外形各异，即使同一品牌不同型号变频器的外形也根据驱动对象的功率或应用场合的不同存在差异，但基本上都包含各种接线端子、操作显示面板（显示屏、操作按键或键钮、指示灯）、外壳等部分，如图8-13所示。

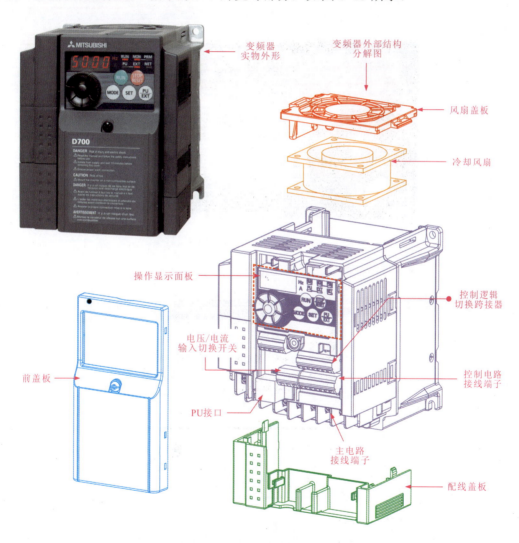

图8-13 变频器的外部结构（西门子D700变频器）

可以看到，变频器的外部主要由操作显示面板、主电路接线端子、控制电路接线端子、控制逻辑切换跨接器、PU接口、电压/电流切换开关、冷却风扇等构成。

1 操作显示面板

操作显示面板是变频器与外界实现交互的关键部分,多数变频器都通过操作显示面板上的显示屏、操作按键或键钮、指示灯等进行相关参数的设置及运行状态的监视。

图8-14为典型变频器的操作显示面板。

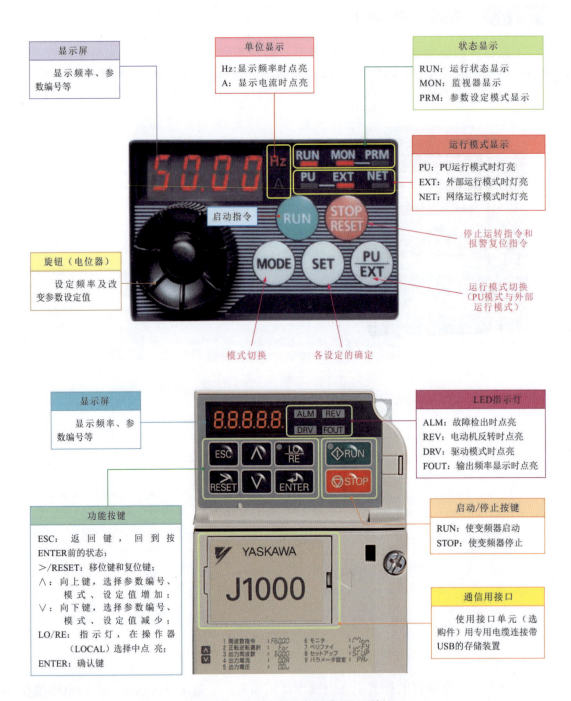

图 8-14 典型变频器的操作显示面板

2　主电路接线端子

　　一般需要打开变频器的前面板才可看到各接线端子，并可在该状态下接线。电源侧的主电路接线端子主要用于连接三相供电电源，负载侧的主电路接线端子主要用于连接电动机。

　　图 8-15 为变频器的主电路接线端子部分及接线方式。

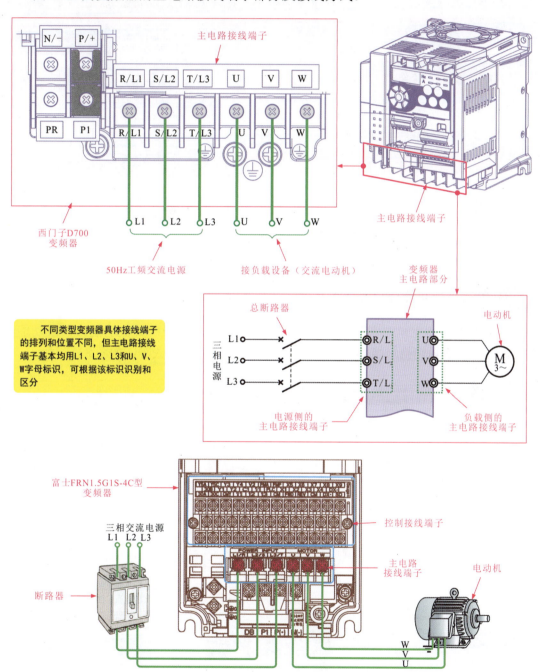

图 8-15　变频器的主电路接线端子部分及接线方式

3 控制接线端子

控制接线端子一般包括输入信号、输出信号及生产厂家设定用端子部分，用于连接变频器控制信号的输入、输出、通信等部件，如图8-16所示。

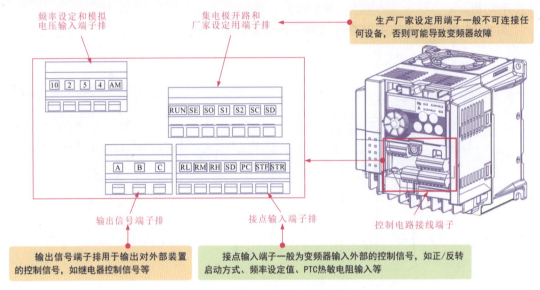

图8-16　变频器的控制接线端子

4 其他功能接口或功能开关

变频器除上述主电路和控制接线端子外，一般还包含一些其他功能接口或功能开关等，如控制逻辑切换跨接器、PU接口、电流/电压切换开关等，如图8-17所示。

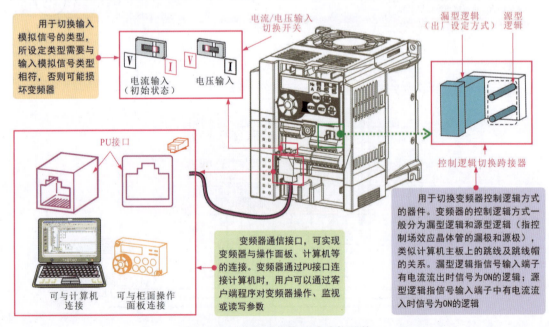

图8-17　其他功能接口或功能开关

5 冷却风扇

大多数变频器内部都安装有冷却风扇，用于冷却变频器内部主电路中半导体等发热器件。图 8-18 为典型变频器的冷却风扇。

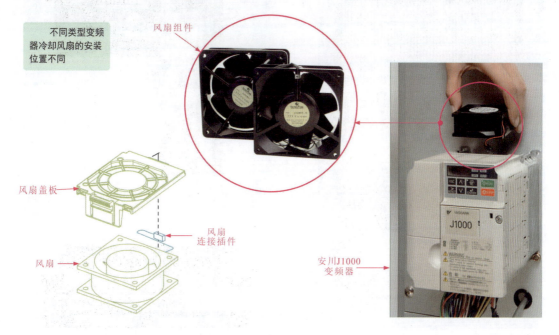

图 8-18　典型变频器的冷却风扇

8.2.2　变频器的内部结构

变频器的内部是由各种功能电路的电子、电力器件构成的，一般需要打开变频器外壳才可看到内部的具体构成，如图 8-19 所示。

图 8-19　典型变频器的内部结构

图 8-20 为典型变频器的具体内部结构。

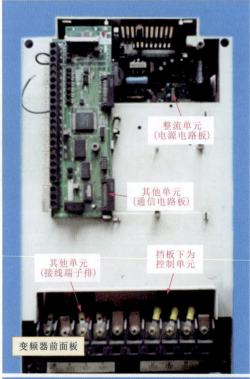
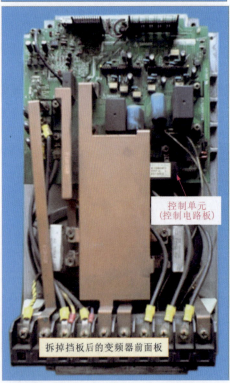

图 8-20　典型变频器的具体内部结构

8.3 变频电路的结构形式和工作原理

变频电路是指具有变频功能的电路单元，可实现变频控制。

8.3.1 变频电路的结构形式

目前，常见的变频电路通常有三种结构形式：一种为由新型智能变频功率模块构成的变频电路；一种为由变频控制电路和功率模块构成的变频电路；还有一种由功率晶体管构成的变频电路。

1 由智能变频功率模块构成的变频电路

图 8-21 为由智能变频功率模块构成的变频电路。

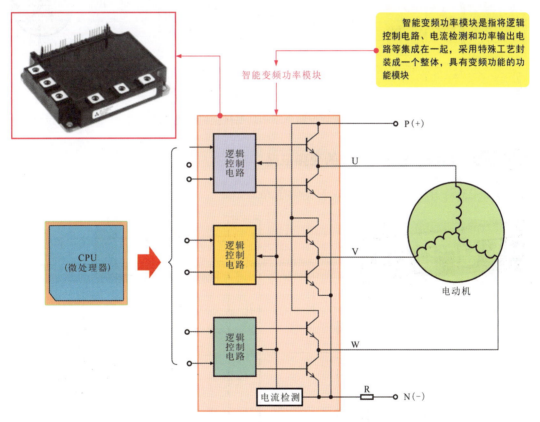

图 8-21 由智能变频功率模块构成的变频电路

> 智能变频功率模块是指将逻辑控制电路、电流检测和功率输出电路等集成在一起，采用特殊工艺封装成一个整体，具有变频功能的功能模块。

由智能变频功率模块构成的变频电路广泛应用于各种变频控制系统中，如制冷设备的变频电路、电动机变频控制系统等。

采用智能变频功率模块构成的变频电路不仅大大简化了电路，而且使电路更加易于维护和调整。该电路中，微处理器的输出经逻辑电路变成驱动功率晶体管（也可用 IGBT 管）的信号，由功率管输出驱动电流，使电动机旋转。当由逻辑电路控制晶体管实现不同的导通顺序和导通时间时，U、V、W 端便可输出三相交流电压，实现对电动机转速的自动调节。

2　由变频控制电路和功率模块构成的变频电路

图 8-22 为由变频控制电路和功率模块构成的变频电路。

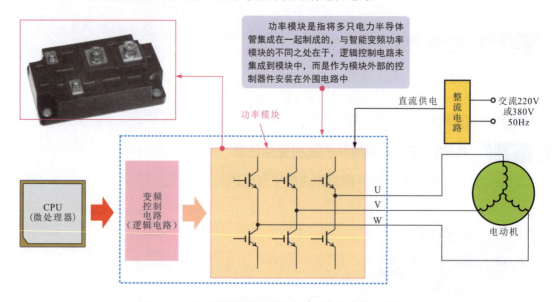

图 8-22　由变频控制电路和功率模块构成的变频电路

3　由功率晶体管构成的变频电路

图 8-23 为由功率晶体管构成的变频电路。

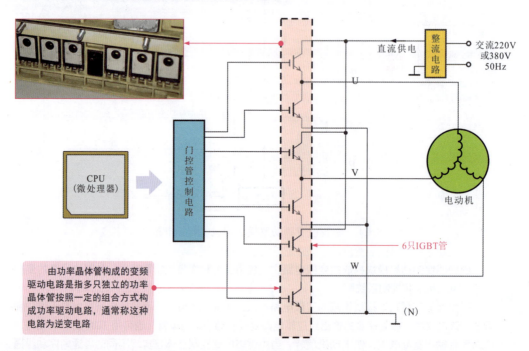

图 8-23　由功率晶体管构成的变频电路

8.3.2 变频电路中的主要器件

变频电路常用到晶闸管、场效应晶体管及其他功率器件。这些器件都是较为关键的电子器件，形态各异，功能特殊。

1 晶闸管

晶闸管是晶体闸流管的简称，又可称为可控硅，是一种半导体器件，有单向、双向、门极可关断晶闸管及MOS控制晶闸管等。

由于晶闸管导通后内阻很小，管压降很低，本身消耗功率很小，外加电压几乎全部加在外电路负载上，负载电流较大，因此常用在可控整流电路中。

（1）单向晶闸管又称单向可控硅（SCR），是指导通后只允许一个方向的电流流过的半导体器件，如图8-24所示，相当于一个可控的整流二极管，广泛应用于可控整流、交流调压、逆变电路和开关电源电路中。

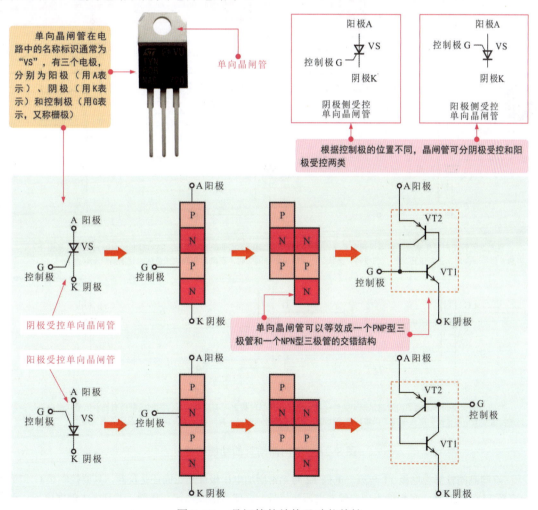

图8-24 晶闸管的结构及功能特性

（2）双向晶闸管（TRIAC）又称双向可控硅，与单向晶闸管在很多方面都相同，不同的是，双向晶闸管可以双向导通，可允许两个方向有电流流过，如图8-25所示，常用在交流电路中。

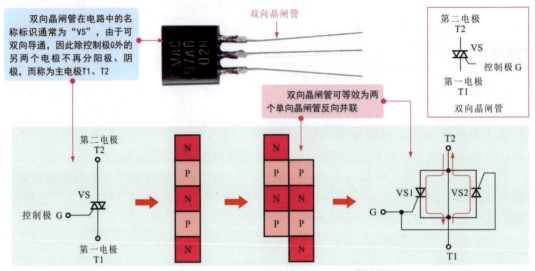

图8-25 双向晶闸管的结构

通过双向晶闸管内部结构可以看到，双向晶闸管可等效为两个单向晶闸管反向并联，使其具有双向导通的特性，允许两个方向有电流流过，如图8-26所示。

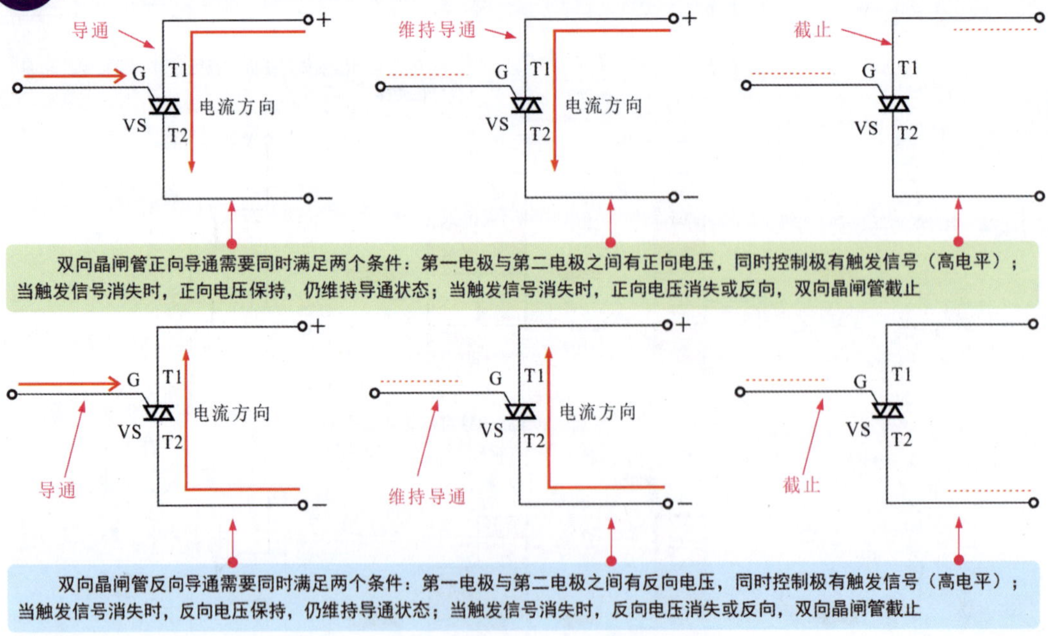

双向晶闸管正向导通需要同时满足两个条件：第一电极与第二电极之间有正向电压，同时控制极有触发信号（高电平）；当触发信号消失时，正向电压保持，仍维持导通状态；当触发信号消失时，正向电压消失或反向，双向晶闸管截止

双向晶闸管反向导通需要同时满足两个条件：第一电极与第二电极之间有反向电压，同时控制极有触发信号（高电平）；当触发信号消失时，反向电压保持，仍维持导通状态；当触发信号消失时，反向电压消失或反向，双向晶闸管截止

图8-26 双向晶闸管的功能特性

双向晶闸管第一电极T1与第二电极T2间无论所加电压极性是正向还是反向，只要控制极G和第一电极T1间加有正、负极性不同的触发电压（信号），就可触发晶闸管导通，并且失去触发电压，也能继续保持导通状态。当第一电极T1、第二电极T2电流减小至小于维持电流或T1、T2间的电压极性改变且没有触发电压时，双向晶闸管才会截止，此时只有重新送入触发电压方可导通。

（3）门极可关断晶闸管（Gate TurnOff Thyristor）简称为GTO，如图8-27所示，是晶闸管的一种派生元件，与普通单向晶闸管的触发功能相同。门极可关断晶闸管的特点是当控制极加有负向触发信号时，晶闸管能自行关断。

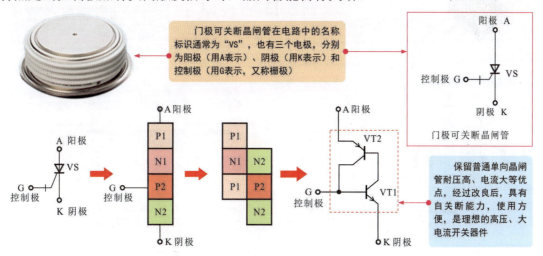

图8-27 门极可关断晶闸管的结构和功能特性

（4）MOS控制晶闸管是一种新型MOS控制双极复合器，简称MCT（MOS Controlled Thyristor），如图8-28所示，兼有晶闸管电流、电压容量大与MOS管门极导通和关断方便的特性。

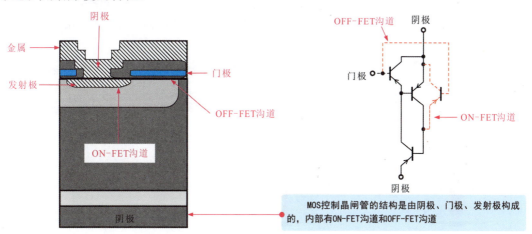

图8-28 MOS控制晶闸管的结构和功能特性

2 场效应晶体管

场效应晶体管（Field-Effect Transistor）简称FET，是一种电压控制的半导体器件，具有输入阻抗高、噪声小、热稳定性好、便于集成等特点。常见的场效应晶体管主要有结型场效应晶体管和绝缘栅型场效应晶体管。

（1）结型场效应晶体管简称BJT，是一种电压控制器件。结型场效应晶体管是在一块N型或P型半导体材料两端分别扩散一个高杂质浓度的P型区或N型区，如图8-29

所示,这就说明它也是一种具有 PN 结构的半导体器件。

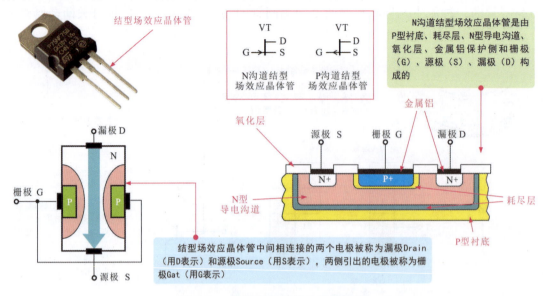

图 8-29　结型场效应晶体管的结构

图 8-30 为结型场效应晶体管的功能特性。当结型场效应晶体管的 G、S 间不加反向电压时（$U_{GS}=0$），PN 结的宽度窄,导电沟道宽,沟道电阻小,I_D 电流大;当 G、S 间加负电压时,PN 结的宽度增加,I_D 电流变小,导电沟道宽度变窄,沟道电阻增大;当 G、S 间负向电压进一步增加时,PN 结宽度进一步加宽,两边 PN 结合龙（被称为夹断）,没有导电沟道,电流 I_D 为 0,沟道电阻很大。把导电沟道刚被夹断的 U_{GS} 称为夹断电压,用 U_P 表示。可见,结型场效应晶体管在某种意义上是一个用电压控制的可变电阻。

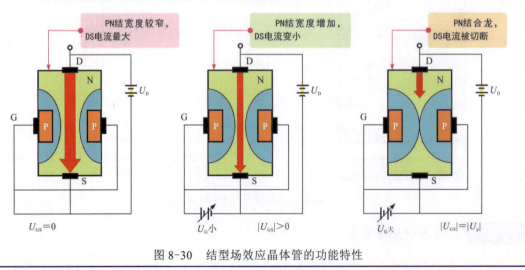

图 8-30　结型场效应晶体管的功能特性

（2）绝缘栅型场效应晶体管简称 MOS,是应用十分广泛的一类场效应晶体管,是利用感应电荷的多少改变沟道导电特性来控制漏极电流的,如图 8-31 所示。绝缘栅型场效应晶体管可以分为 N 沟道增强型、P 沟道增强型、N 沟道耗尽型、P 沟道耗尽型、双栅 N 沟道耗尽型、双栅 P 沟道耗尽型。

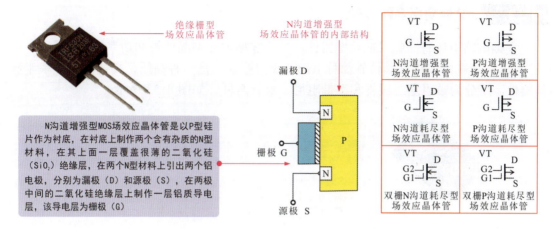

图 8-31　绝缘栅型场效应晶体管的结构

不同结构 MOS 场效应晶体管的工作特性是相同的。下面以 N 沟道绝缘栅型场效应晶体管为例进行分析，如图 8-32 所示。电源 E_2 经电阻 R_2 为漏极供电，电源 E_1 经开关 S 为栅极提供偏压。当开关 S 断开时，G 极无电压，D、S 极所接的两个 N 区之间没有导电沟道，所以无法导通，D 极电流为零；当开关 S 闭合时，G 极获得正电压，与 G 极连接的铝电极有正电荷，产生电场穿过 SiO_2 层，将 P 型衬底的很多电子吸引至 SiO_2 层，形成 N 导电沟道（导电沟道的宽窄与电流量的大小成正比），使 S、D 极之间产生正向电压，电流通过该场效应管。

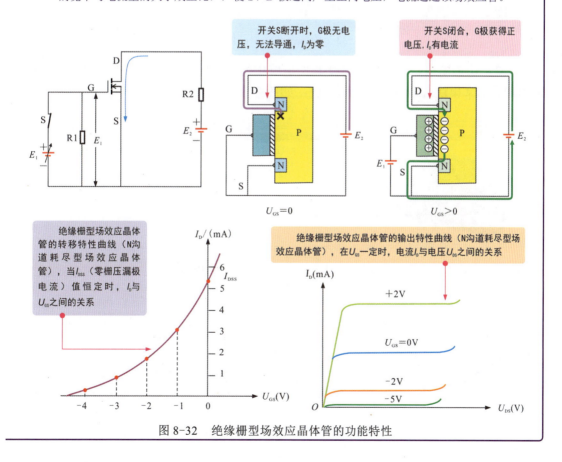

图 8-32　绝缘栅型场效应晶体管的功能特性

3 其他功率器件

变频电路中还有一些其他功率器件，如绝缘栅双极型晶体管和功率模块等。

（1）绝缘栅双极型晶体管简称 IGBT 或门控管，是一种高压、高速的大功率半导体器件，可分为带阻尼二极管和不带阻尼二极管两种，如图 8-33 所示。

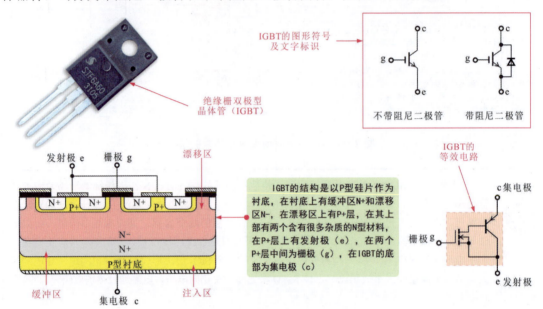

图 8-33　绝缘栅双极型晶体管的结构

（2）功率模块。功率模块是变频器电路中的关键组成器件，有单 IGBT 功率模块、双 IGBT 功率模块、六 IGBT 功率模块，如图 8-34 所示。

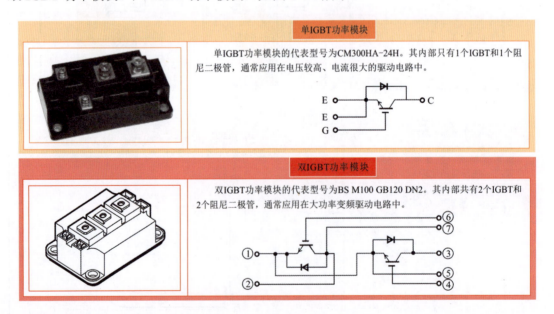

图 8-34　功率模块的结构和功能特性

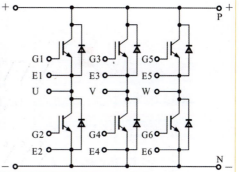

六IGBT模块的代表型号为6MBI50L-060。其内部主要由6个IGBT和6个阻尼二极管构成，外部可看到有12个较细的引脚（小电流信号端），分别为G1~G6和E1~E6，控制电路将驱动信号加到IGBT的控制极（G1~G6），驱动内部的IGBT工作，较粗的引脚（U、V、W输出端）主要为变频压缩机提供变频驱动信号，P、N端分别接在直流供电电路的正、负极，为功率模块提供工作电压。

图 8-34 功率模块的结构和功能特性（续）

 在功率模块的基础上，将用于驱动功率模块的逻辑控制电路也通过特殊的封装工艺集成在一起，构成单片智能变频功率模块，简称智能变频功率模块。不同型号智能变频功率模块的具体规格参数、引脚含义各不相同，适用场合、环境和范围也不相同。

8.3.3 变频电路的工作原理

变频电路是相对定频而言的，因此在介绍变频电路的工作原理之前，首先了解一下定频电路的特点，通过对照比较，深刻理解变频电路的工作过程。

1 定频控制

定频控制是指控制电动机的电源频率是恒定的，即交流 220V 或 380V、频率为 50Hz（也称为工频）的电源直接驱动电动机，如图 8-35 所示。

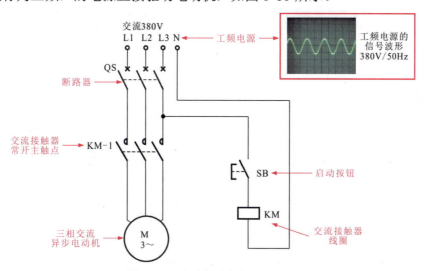

图 8-35 电动机定频控制原理图

在这种控制方式中，当合上断路器 QS 时，接通三相电源，按下启动按钮 SB，交流接触器 KM 线圈得电，常开主触点 KM-1 闭合，电动机启动并在频率 50Hz 电源下全速运转，如图 8-36 所示。

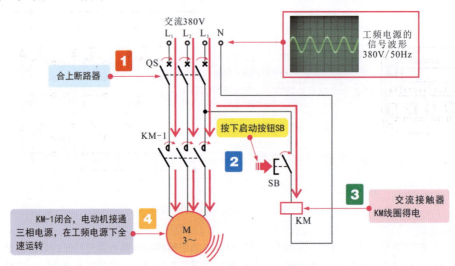

图 8-36　电动机的定频控制过程

当需要电动机停止运转时，松开按钮开关 SB，接触器线圈失电，主触点复位断开，电动机绕组失电，电动机停止运转，在这一过程中，电动机的旋转速度不变，只是在供电电路通与断两种状态下实现启动与停止。

由图 8-36 可以看到，电源直接为电动机供电，在启动运转开始时，电动机要克服电动机转子的惯性，使电动机绕组中产生很大的启动电流（约为运行电流的 6~7 倍），若频繁启动，势必会造成无谓的耗电，使效率降低，还会因启、停时的冲击过大，对电网、电动机、负载设备及整个拖动系统造成很大的冲击，增加维修成本。

另外，由于该方式中电源频率是恒定的，因此电动机的转速是不变的，如果需要满足变速的需求，就需要增加附加的减速或升速机构（变速齿轮箱等），不仅增加设备成本，还增加能源的消耗。很多传统设备及普通家用空调器、电冰箱等大都采用定频控制方式，不利于节能环保。

2　变频控制

为了克服定频控制的缺点，提高效率，实现节能环保，变频控制方式得到了广泛的应用。变频控制即通过改变供电频率达到改变电动机转速的目的。

如图 8-37 所示，在电路中改变电源频率的电路即为变频电路。可以看到，在采用变频控制的电动机驱动电路中，恒压恒频的工频电源经变频电路后变成电压、频率都可调的驱动电源，电动机转速随输出电源频率的变化而变化，使电动机绕组中的电流呈线性上升，启动电流小，对电气设备的冲击降到最低。

工频电源是指工业上用的交流电源，单位为赫兹（Hz）。不同国家、地区的电力工业标准频率各不相同，中国电力工业的标准频率定为 50Hz。有些国家或地区（如美国等）则定为 60Hz。

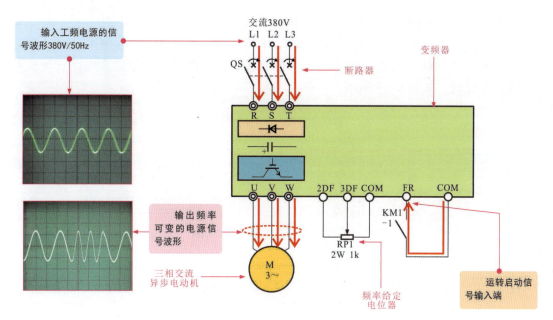

图 8-37　电动机变频控制原理图

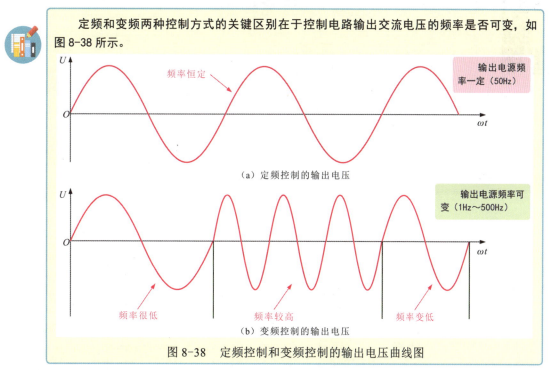

图 8-38　定频控制和变频控制的输出电压曲线图

目前，在实际工作时，多数变频电路首先在整流电路模块中将交流电压整流为直流电压，然后在中间电路模块中对直流进行滤波，最后由逆变电路模块将直流电压变为频率可调的交流电压，进而对电动机实现变频控制。

由于逆变电路模块是实现变频的重点电路部分，因此下面从逆变电路的信号处理过程入手了解变频的工作原理。

变频控制主要是通过对逆变电路中电力半导体器件的开关控制使输出电压的频率

发生变化，进而实现控制电动机转速的目的。

逆变电路由6只半导体晶体管（以IGBT较为常见）按一定的方式连接而成，通过控制6只半导体晶体管的通、断状态实现逆变过程。下面具体介绍逆变电路实现变频的具体工作过程，如图8-39所示。

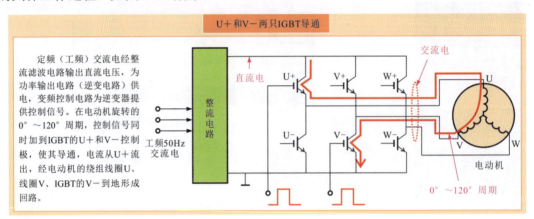

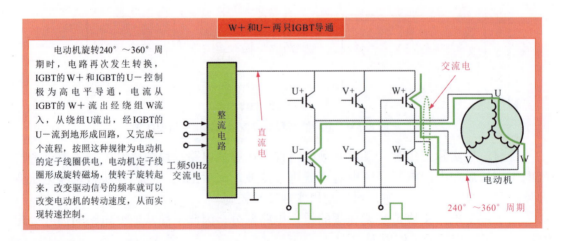

图8-39 逆变电路的工作过程

第9章 变频器的安装使用与检测代换

9.1 变频器的安装与连接

变频器是一种用于驱动控制电动机的设备，将变频控制电路和功率输出电路制成一体成为一个独立的设备，由于输出的功率大、耗能高，需要通风散热，因而对安装位置和安装的方法都有严格的要求。

9.1.1 变频器的安装

变频器作为一种精密的电子设备，在工作过程中输出的功率较大、耗能较高，同时会产生大量的热量，为了增强变频器的工作性能，提高使用寿命，安装时，应严格遵循变频器的基本安装原则和安装方法。

1 变频器的安装环境

变频器单元采用了较多的半导体元件，对环境（温度、湿度、尘埃、油雾、振动等）要求较高，为了提高可靠性，确保长期稳定地使用，应在充分满足装配要求的环境中使用。

（1）安装环境温度要求。图 9-1 为变频器安装环境对温度的要求和测量位置。

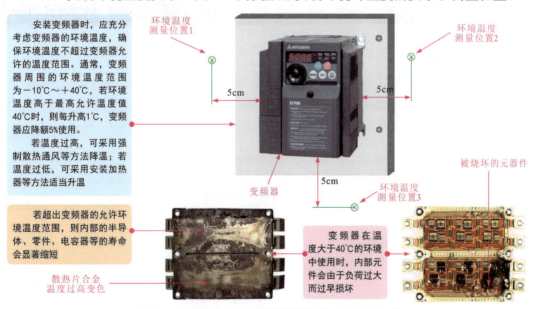

图 9-1 变频器安装环境对温度的要求和测量位置

变频器对环境湿度也有一定的要求，通常，变频器的环境湿度范围应为45%～90%。

若环境湿度过高，则不仅会降低绝缘性，造成空间绝缘破坏，而且金属部位容易出现腐蚀的现象。若无法满足环境湿度的要求，则可通过在变频器的控制柜内放入干燥剂、加热器等降低环境湿度。

（2）安装场所的要求。为了确保安装环境的干净整洁，同时又能保护设备的可靠运行，变频器及相关电气部件都安装在控制柜中，如图9-2所示。

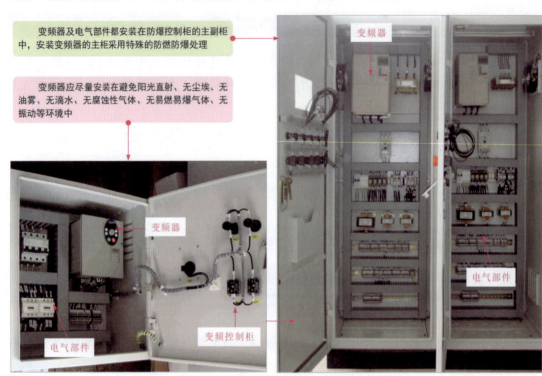

图9-2　变频器安装场所的要求

变频器不能安装在振动比较频繁的环境中，若振动过大，则可能会使变频器的固定螺钉松动或元器件脱落、焊点虚焊等。通常，变频器安装场所的振动加速度应在0.6g以内。

测量出振动场所的振幅（A）和频率（f），可根据公式计算振动加速度，即

振动加速度（G）= 2πfA/9800

变频器应尽量安装在海拔1000m以下的环境中，若安装在海拔较高的环境，则会影响变频器的输出电流（海拔高度为4000m时，变频器的输出功率仅为1000m时的40%）。

在一般情况下，不允许将变频器安装在靠近电磁辐射源的环境中。

2　变频器控制柜的通风

变频器安装在控制柜内时，控制柜必须设置适当的通风口，即实现变频器工作环境干净整洁的同时，保证良好的通风效果，确保变频器能够稳定、正常地工作和运行，如图9-3所示。

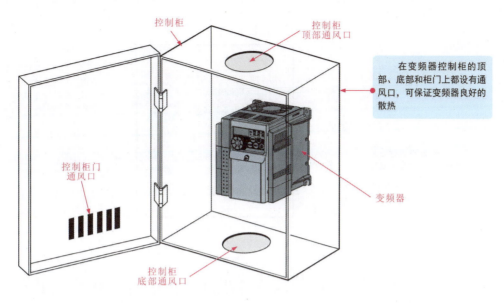

图 9-3 变频器控制柜的通风

变频器控制柜的通风方式有自然冷却和强制冷却两种。其中,自然冷却是指通过自然风对变频器进行冷却的一种方式。目前,常见的采用自然冷却方式的控制柜主要有半封闭式和全封闭式两种。

半封闭式控制柜上设有进、出风口,通过进风口和出风口实现自然换气,如图9-4所示。这种控制柜的成本低,适用于小容量的变频器,当变频器容量变大时,控制柜的尺寸也要相应增大。

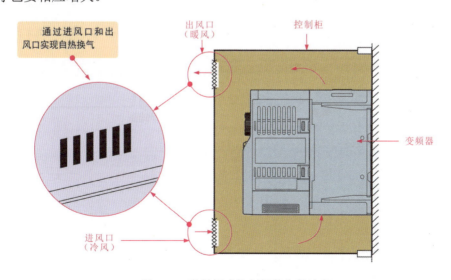

图 9-4 半封闭式控制柜的自然冷却

全封闭控制柜通过控制柜向外散热,适用在有油雾、尘埃等环境中,如图9-5所示。
强制冷却方式是指借助外部条件或设备,如通风扇、散热片、冷却器等实现变频器有效散热的一种方式。

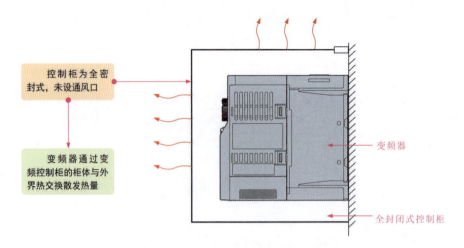

图 9-5 全封闭式控制柜的自然冷却

目前,采用强制冷却方式的控制柜主要有通风扇冷却方式、散热片冷却方式和冷却器冷却方式。

通风扇冷却方式的控制柜是指在控制柜中安装通风扇通风,如图 9-6 所示。通风扇安装在变频器上方控制柜的顶部,变频器内置冷却风扇,将变频器内部产生的热量通过冷却风扇冷却,变为暖风从变频器的下部向上部流动,此时,在控制柜中设置通风扇和风道,将冷风吹向变频器由通风扇排出变频器产生的热风实现换气。该控制柜成本较低,适用于室内安装控制。

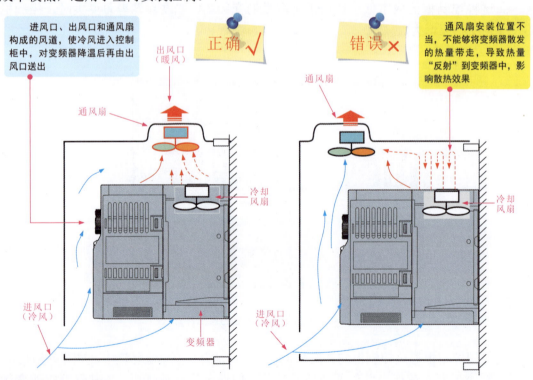

图 9-6 通风扇冷却方式的控制柜

图 9-7 为采用散热片和冷却器冷却方式的控制柜。

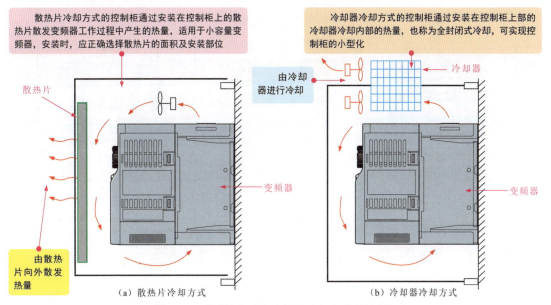

图 9-7　采用散热片和冷却器冷却方式的控制柜

3　变频器的避雷

为了保证变频器在雷电的活跃地区安全运行，变频器应设有防雷击措施。图 9-8 为变频器的避雷防护措施。

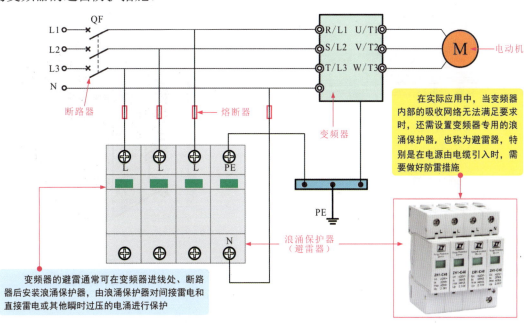

图 9-8　变频器的避雷防护措施

4　变频器的安装空间

变频器在工作时会产生热量，为了变频器的良好散热及维护方便，变频器与其他装置或控制柜壁面应留有一定的空间。图9-9为变频器的安装空间。

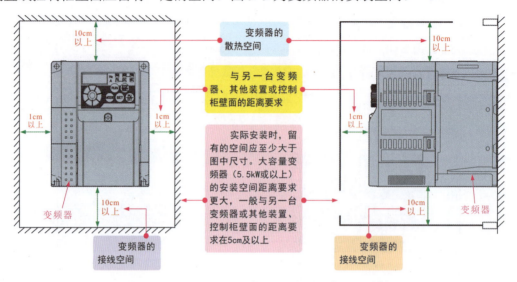

图9-9 变频器的安装空间

5 变频器的安装方向

为了保证变频器的良好散热，除了对变频器的安装空间有明确的要求外，对变频器的安装方向也有明确的规定。

图9-10为变频器的安装方向。

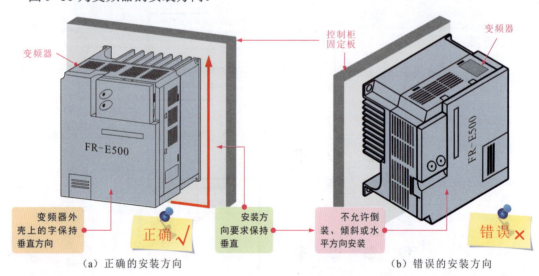

(a) 正确的安装方向　　　　　　　　　(b) 错误的安装方向

图9-10 变频器的安装方向

6 两台变频器的安装排列方式

若在同一个控制柜内安装两台或多台变频器，则应尽可能采用并排安装。图9-11为两台变频器的安装排列方式。

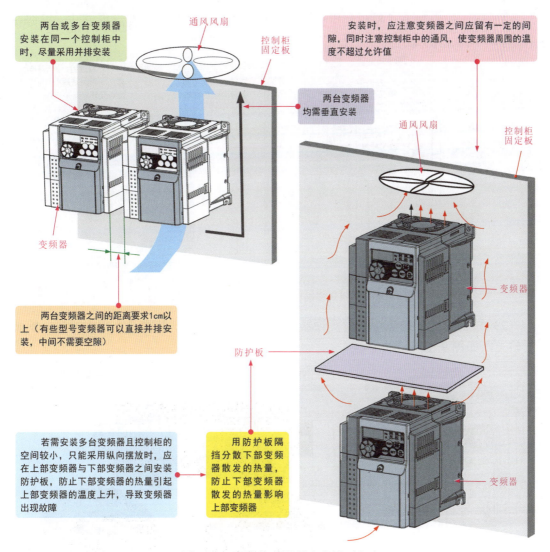

图 9-11 两台变频器的安装排列方式

 采用纵向安装时，要求变频器上、下之间的距离必须满足规定的环境条件，相关数据可在产品说明书中获取。例如，某品牌变频器从外形尺寸分共有A、B、C、D、E、F、FX等几种尺寸。其中，A、B、C为较小尺寸；D、E为中等尺寸；F、FX为较大尺寸。当一台变频器安装在另一台变频器之上时，至少要留有下面规定的间隙：

◇外形尺寸为A、B、C时，上部和下部：100mm；
◇外形尺寸为D、E时，上部和下部：300mm；
◇外形尺寸为F、FX时，上部和下部：350mm。

7　变频器的安装固定

在变频器运行过程中，内部散热片的温度可能高达90℃，因此变频器需安装固定在耐温材料上。根据安装方式的不同，变频器有固定板安装和导轨安装两种，安装时可根据安装条件选择。

（1）固定板安装方式是指利用变频器底部外壳上的 4 个安装孔进行安装，根据安装孔选择不同规格的螺钉固定，如图 9-12 所示。

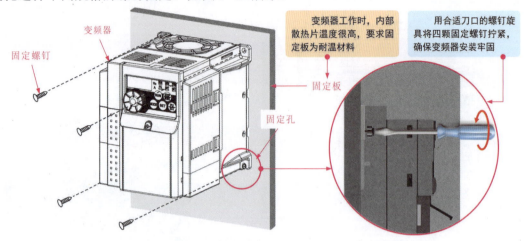

图 9-12　变频器安装到固定板（控制柜固定板）上

（2）导轨安装方式是指利用变频器底部外壳上的导轨安装槽及卡扣将变频器安装在导轨上，如图 9-13 所示。

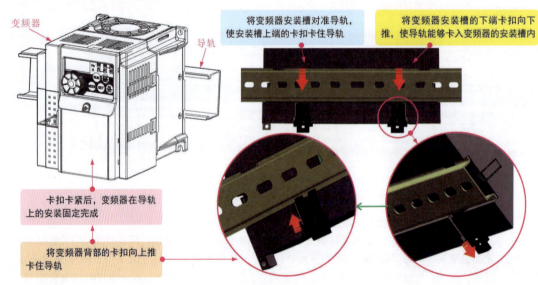

图 9-13　变频器安装到导轨上

9.1.2　变频器的连接

在变频器控制系统中，独立的变频器无法实现任何功能，通常需要与其他电气部件安装在特定的控制箱中，通过线缆连接成具有一定控制关系的电路系统，从而实现一定的控制功能。

1　变频器的布线要求

变频器的连接线应尽可能短、不交叉，且所有连接线的耐压等级必须与变频器的电压等级相符。图9-14为变频器的布线。

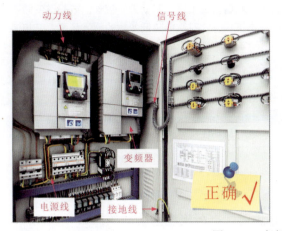
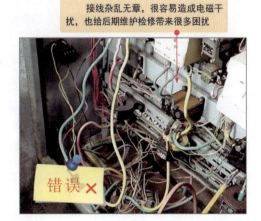

图9-14 变频器的布线

> 布线时，应注意电磁波干扰的影响，为了避免电磁干扰，安装接线时可将电源线、动力线、信号线相互远离，关键信号线应使用屏蔽电缆等抗电磁干扰措施。

2 动力线的类型和连接长度

变频器与电动机之间的连接线被称为动力线。该动力线一般根据变频器的功率大小选择导线横截面积合适的三芯或四芯屏蔽动力电缆。

图9-15为动力线的类型和连接长度。

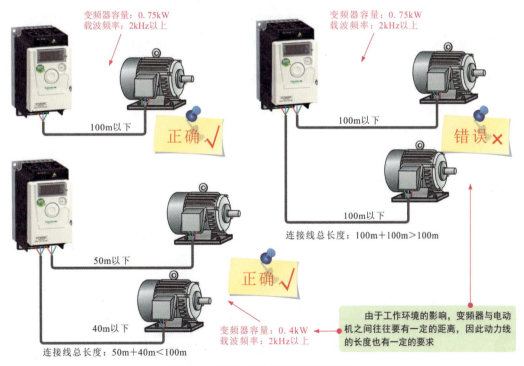

图9-15 动力线的类型和连接长度

不同规格变频器对动力线长度的要求不同，见表 9-1。值得注意的是，在实际接线中，应尽量缩短动力线的长度，可以有效降低电磁辐射和容性漏电流。若动力线较长，或超过变频器所允许的线缆长度，则可能会影响变频器的正常工作，此时需要降低变频的载波频率，并加装输出交流电抗器。

表 9-1　不同规格变频器连接动力线的长度与载波频率的关系

PWM频率选择设定值（载波频率）	变频器额定功率（kW）				
	0.4kW	0.7kW	1.5kW	2.2kW	3.7kW或以上
1kHz	200m以下	200m以下	300m以下	500m以下	500m以下
2～14.5kHz	30m以下	100m以下	200m以下	300m以下	500m以下

3　屏蔽线接地

变频器的信号线通常采用屏蔽电缆。接地时，屏蔽电缆的金属丝网必须通过两端的电缆夹片与变频器的金属机箱连接。

图 9-16 为屏蔽线的接地方法。

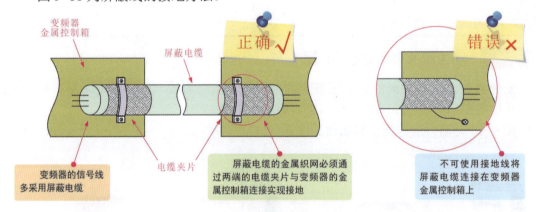

图 9-16　屏蔽线的接地方法

屏蔽电缆是指一种在绝缘导线外面再包一层金属薄膜，即屏蔽层的电缆。在通常情况下，屏蔽层多为铜丝或铝丝织网或无缝铅铂。屏蔽电缆的屏蔽层只有在有效接地后才能起到屏蔽作用。

4　变频器的接地

变频器都设有接地端子，可有效避免脉冲信号的冲击干扰，防止人接触变频器的外壳时因漏电流造成触电，接线时，应保证良好的接地。

（1）变频器与其他设备之间的接地。变频器的接地线应选择规定的尺寸或比规定的尺寸粗，且应尽量采用专用接地，接地极应尽量靠近变频器，以缩短接地线的长度。图 9-17 为变频器与其他设备之间的接地。

在连接变频器的接地端时，应尽量避免与电动机、PLC 或其他设备的接地端相连，为了避免其他设备的干扰，应分别接地。若无法采用专用接地，则可将变频器的接地极与其他设备的接地极相连接，构成共用接地，但应尽量避免共用接地线接地。

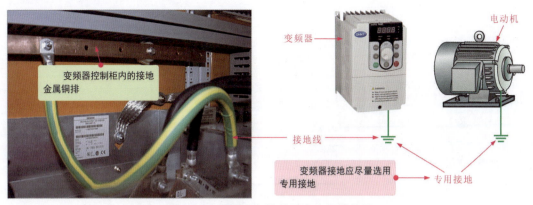

图 9-17 变频器与其他设备之间的接地

（2）变频器与变频器之间的接地。多台变频器共同接地时，接地线之间互相连接。应注意，接地端与大地之间的导线应尽可能短，接地线的电阻应尽可能小，如图 9-18 所示。

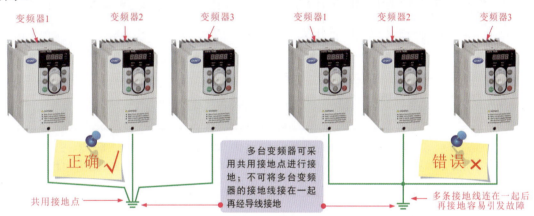

图 9-18 变频器与变频器之间的接地

5 变频器主电路的接线

变频器主电路的接线是指将相关功能部件与变频器主电路端子排连接形成控制系统，接线时，应根据主电路的接线图及主电路接线端子上的标识连接。

图 9-19 为变频器主电路的接线图。

图中，主电路接线端子标识含义如下：

【R/L1、S/L2、T/L3】交流电源输入端子：用于连接电源，当使用高功率因数变流器（FR-HC）或共直流母线变流器（FR-CV）时，该端子需断开，不能连接任何电路。

【U、V、W】变频器输出端子：用于连接三相交流电动机。

【⏚】接地端子：变频器接地。

【P/＋、PR】制动电阻器连接端子：在 P/＋、PR 端子间连接制动电阻器（FR-ABR）。

【P/＋、N/－】制动单元连接端子：在 P/＋、N/－端子间连接制动单元（FR-BU2）、共直流母线变流器（FR-CV）和高功率因数变流器（FRHC）。

【P/＋、P1】直流电抗器连接端子：在 P/＋、P1 端子间连接直流电抗器，连接时，需拆下 P/＋、P1 端的短路片，且只有连接直流电抗器时才可拆下该短路片，否则不得拆下。

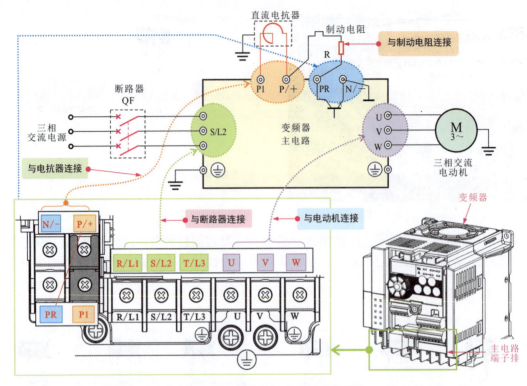

图 9-19 变频器主电路的接线图

变频器主电路的输入端和输出端不允许接错,即输入电源必须接到端子 R、S、T 上,输出电源必须接到端子 U、V、W 上,若接错,在逆变电路处于导通周期时将引起两相间短路,将烧坏变频器,如图 9-20 所示。

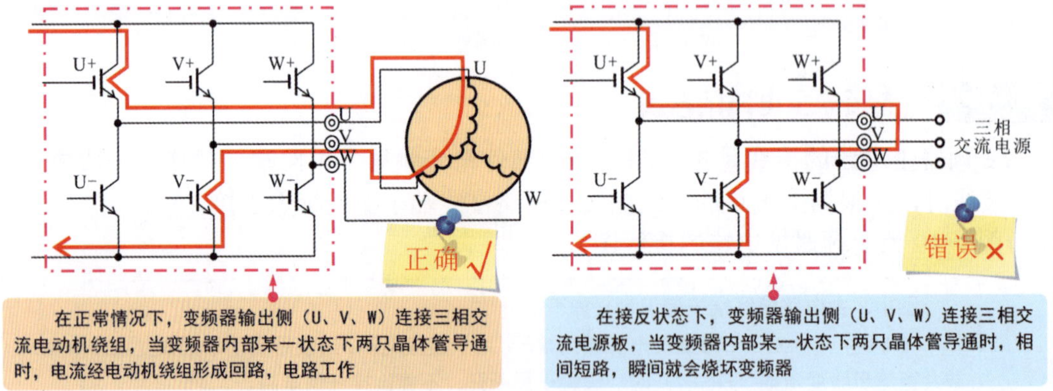

在正常情况下,变频器输出侧(U、V、W)连接三相交流电动机绕组,当变频器内部某一状态下两只晶体管导通时,电流经电动机绕组形成回路,电路工作

在接反状态下,变频器输出侧(U、V、W)连接三相交流电源板,当变频器内部某一状态下两只晶体管导通时,相间短路,瞬间就会烧坏变频器

图 9-20 变频器主电路的接线注意事项

变频器主电路接线端子和控制电路接线端子分别位于变频器的配线盖板和前盖板内侧,接线时,应将前盖板和配线盖板分别取下。

图 9-21 为拆卸变频器的前盖板和配线盖板。

按照要求,将变频器与三相交流电源、三相交流电动机分别连接,如图 9-22 所示。

通常，小功率变频器内置制动电阻器，18.5kW 以上变频器的制动电阻器需要外置，即在变频器的主电路端子排上（P/＋和 PR 端子）连接变频器专用制动电阻器。

图 9-23 为连接变频器制动电阻器。

为改善功率因数，在变频器主电路中一般需要连接直流电抗器，即将直流电抗器连接在变频器主电路端子排上的 P/＋端子和 P1 端子上，如图 9-24 所示。

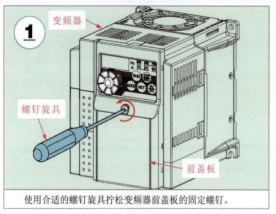
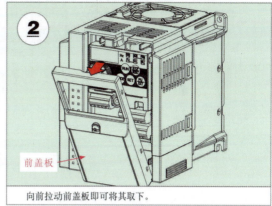
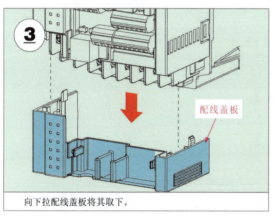
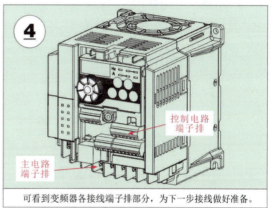

图 9-21 拆卸变频器的前盖板和配线盖板

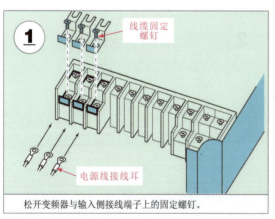
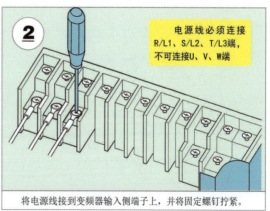

图 9-22 变频器主电路的接线

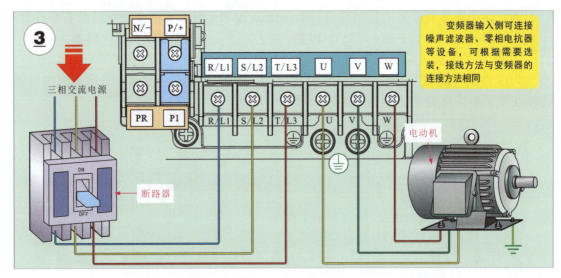

图 9-22 变频器主电路的接线（续）

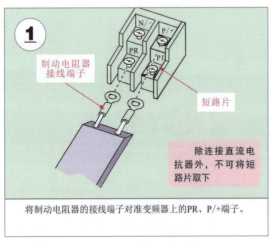
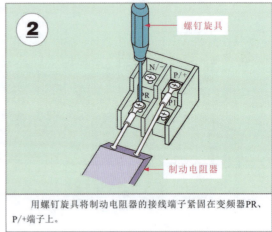

图 9-23 连接变频器制动电阻器

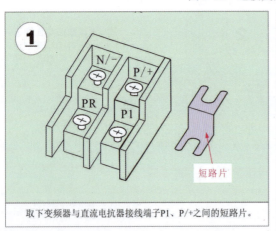
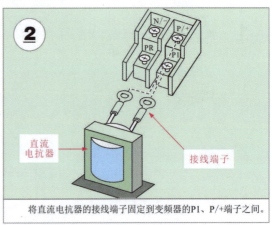

图 9-24 连接变频器直流电抗器

6 变频器控制电路的接线

连接变频器控制电路部分同样需要根据接线图进行连接，连接前，需要识别控制电路接线端子的标识。

图 9-25 为变频器控制电路的接线图及端子标识。

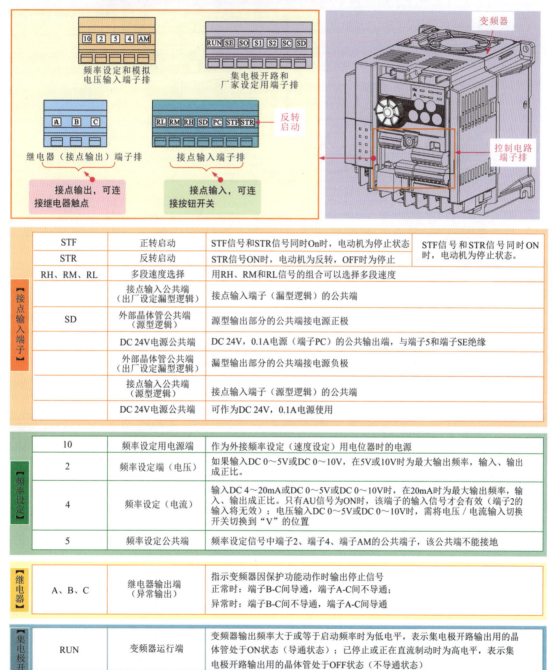

	端子	名称	说明	
接点输入端子	STF	正转启动	STF信号和STR信号同时On时，电动机为停止状态	STF信号和STR信号同时ON时，电动机为停止状态。
	STR	反转启动	STR信号ON时，电动机为反转，OFF时为停止	
	RH、RM、RL	多段速度选择	用RH、RM和RL信号的组合可以选择多段速度	
		接点输入公共端（出厂设定漏型逻辑）	接点输入端子（漏型逻辑）的公共端	
	SD	外部晶体管公共端（源型逻辑）	源型输出部分的公共端接电源正极	
		DC 24V电源公共端	DC 24V，0.1A电源（端子PC）的公共输出端，与端子5和端子SE绝缘	
		外部晶体管公共端（出厂设定漏型逻辑）	漏型输出部分的公共端接电源负极	
		接点输入公共端（源型逻辑）	接点输入端子（源型逻辑）的公共端	
		DC 24V电源公共端	可作为DC 24V，0.1A电源使用	
频率设定	10	频率设定用电源端	作为外接频率设定（速度设定）用电位器时的电源	
	2	频率设定端（电压）	如果输入DC 0～5V或DC 0～10V，在5V或10V时为最大输出频率，输入、输出成正比	
	4	频率设定（电流）	输入DC 4～20mA或DC 0～5V或DC 0～10V时，在20mA时为最大输出频率，输入、输出成正比。只有AU信号为ON时，该端子的输入信号才会有效（端子2的输入将无效）；电压输入DC 0～5V或DC 0～10V时，需将电压/电流输入切换开关切换到"V"的位置	
	5	频率设定公共端	频率设定信号中端子2、端子4、端子AM的公共端子，该公共端不能接地	
继电器	A、B、C	继电器输出端（异常输出）	指示变频器因保护功能动作时输出停止信号 正常时：端子B-C间导通，端子A-C间不导通；异常时：端子B-C间不导通，端子A-C间导通	
集电极开路	RUN	变频器运行端	变频器输出频率大于或等于启动频率时为低电平，表示集电极开路输出用的晶体管处于ON状态（导通状态）；已停止或正在直流制动时为高电平，表示集电极开路输出用的晶体管处于OFF状态（不导通状态）	
	SE	集电极开路输出公共端	RUN的公共端子	

图 9-25 变频器控制电路的接线图及端子标识

控制电路部分各接线端子的连接方法相同。下面以接点输入端子与按钮开关的连接为例介绍线路的连接方法。变频器控制电路部分与按钮开关的具体接线按照接线图及端子标识连接，如图 9-26 所示。

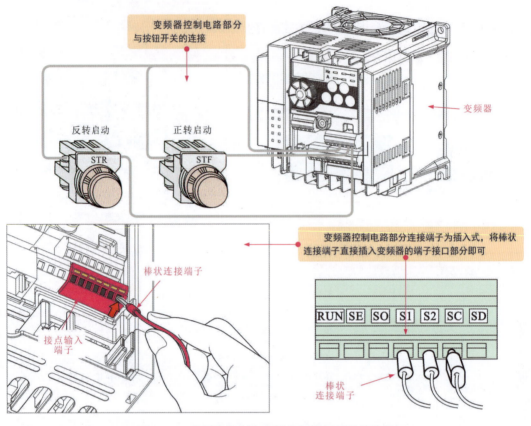

图 9-26　变频器控制电路部分与按钮开关的连接

9.2　变频器的使用与调试

9.2.1　变频器的使用

正确操作和使用变频器是学习变频器的最终目的，也是作为一名电气技术人员应具备的重要操作技能。

1　变频器操作显示面板的结构

操作显示面板是变频器与外界实现交互的关键部分，多数变频器都是通过操作显示面板上的显示屏、操作按键或键钮、指示灯等进行参数设定、状态监视和运行控制等操作的。

下面以典型变频器操作面板为例，从操作面板的结构和工作状态入手，了解变频器操作面板的使用方法。

图 9-27 为典型变频器的操作显示面板。

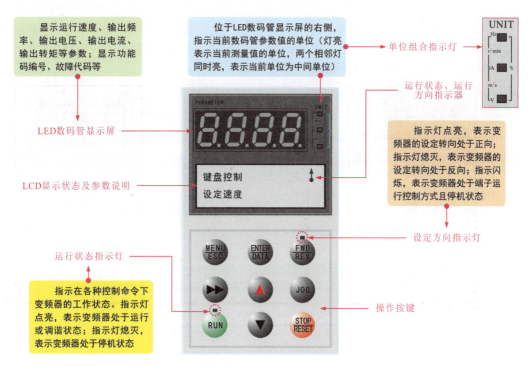

图 9-27　典型变频器的操作显示面板（艾默生 TD3000 型变频器）

操作按键用于向变频器输入人工指令，包括参数设定指令、运行状态指令等。不同操作按键的控制功能不同，如图 9-28 所示。

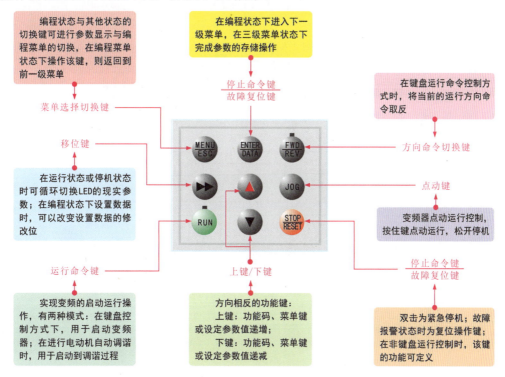

图 9-28　典型变频器的操作按键

变频器的使用过程往往都会经历上电、运行、停机、故障报警等几个阶段，作为变频器状态的显示和指示部件，操作显示面板会显示出相对应的几种工作状态，即上电初始化状态、停机状态、运行状态和故障报警状态，如图9-29所示。

（a）上电初始化状态　　　　（b）停机状态　　　　（c）运行状态

图 9-29　变频器操作显示面板的工作状态

2　变频器操作显示面板的使用方法

了解变频器操作面板的使用方法，即了解操作面板的参数设置方法前，需要首先弄清变频器操作面板的菜单级数，即包含几层菜单及每级菜单的功能含义，然后进行相应的操作和设置。

如图9-30所示，典型变频器的"MENU/ESC"（菜单）包含三级菜单，分别为功能参数组（一级菜单）、功能码（二级菜单）和功能码设定值（三级菜单）。

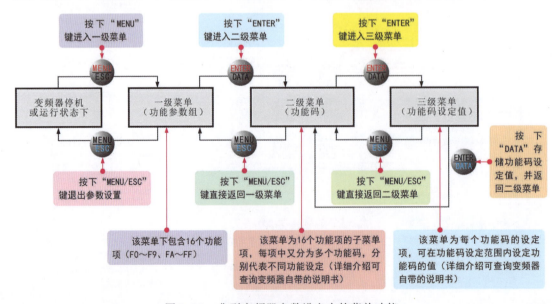

图 9-30　典型变频器参数设定中的菜单功能

一级菜单下包含 16 个功能项（F0～F9、FA～FF）。二级菜单为 16 个功能项的子菜单项，每项中又分为多个功能码，分别代表不同功能的设定项。三级菜单为每个功能码的设定项，可在功能码设定范围内设定功能码的值，如图 9-31 所示。

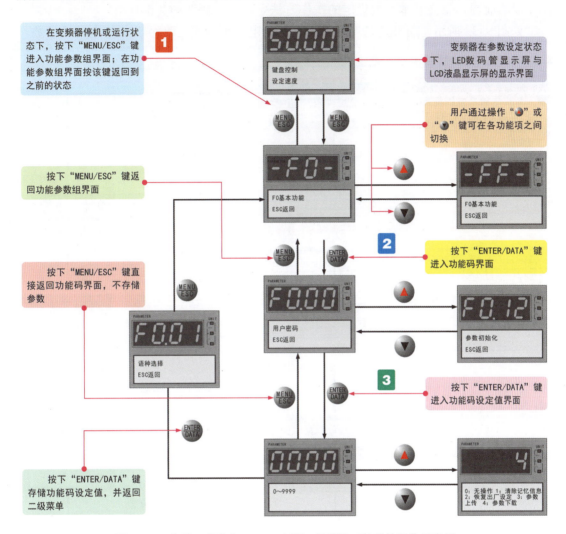

图 9-31　典型（艾默生 TD3000 型）变频器三级菜单操作示意图

　　在变频器停机或运行状态下，按动一下"MENU/ESC"，即会进入第一级菜单，用户可选择所需要的参数组（功能项）。
　　选定相应的参数组（功能项），再按"MENU/ESC"，便会进入第二级菜单，第二级菜单是第一级菜单的子选项菜单，主要提供针对 16 个功能项（第一级菜单）的功能码设定（如 F0.00、F0.01……F0.12、F1.00、F1.01……F1.16……）。
　　设定好功能码后，再按"MENU/ESC"，便进入第三级菜单，第三级菜单是针对第二级菜单中功能码的参数设定项，这一级菜单又可看成是第二级菜单的子菜单。
　　由此，当使用操作面板设定变频器参数时，可在变频器停机或运行状态下，通过按"MENU/ESC"键进入相应的菜单级，选定相应的参数项和功能码后，进行功能参数设定，设定完成后，按"ENTER/DATA"存储键存储数据，或按"MENU/ESC"返回上一级菜单。

3 正确使用变频器操作显示面板的练习

正确设置典型变频器（艾默生 TD3000 型）的参数是确保变频器正常工作、充分发挥性能的前提，掌握基本参数设定的操作方法是操作变频器的关键环节。

如图 9-32 所示，将额定功率为 21.5 kW 的电动机参数更改为 8.5kW 电动机参数。

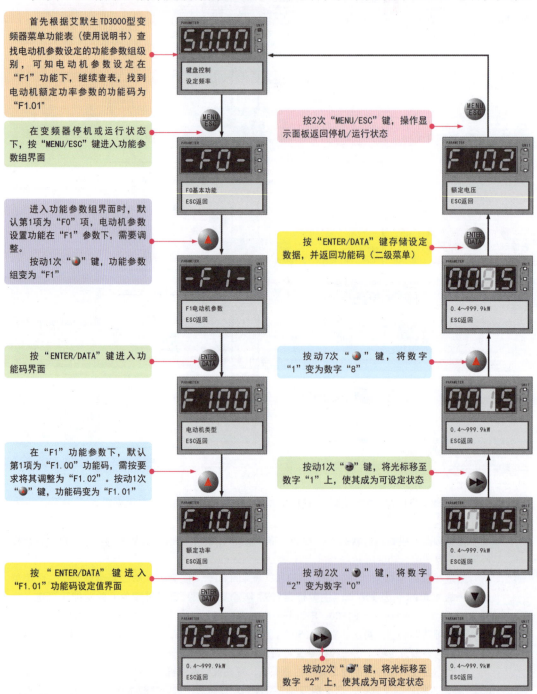

图 9-32 电动机额定功率参数设定的操作方法和步骤

图 9-33 为电动机综合参数设定的操作方法和步骤。

图 9-33　电动机综合参数设定的操作方法和步骤

 除了上述介绍的额定功率参数和电动机综合参数的操作外，还可对变频器的用户密码、变频器的辅助参数、变频器的开关量端子参数、变频器的参数复制功能、变频器停机显示参数的切换等进行操作。操作方法与上述介绍的两种方法基本相同，这里不再叙述，操作时，需要根据变频器中的各项功能参数组、功能码含义表查找设置。

9.2.2 变频器的调试

变频器安装及接线完成后,必须对变频器进行细致的调试操作,确保变频器参数设置及其控制系统正确无误后才可投入使用。

下面以艾默生 TD3000 型变频器为操作样机介绍操作显示面板直接调试的方法。操作显示面板直接调试是指直接利用变频器上的操作显示面板,对变频器进行频率设定及控制指令输入等操作,达到调整变频器运行状态和测试的目的。

操作显示面板直接调试包括通电前的检查、上电检查、设置电动机参数、设置变频器参数及空载试运行调试等几个环节。

1 变频器通电前的检查

变频器通电前的检查是变频器调试操作前的基本环节,属于简单调试环节,主要是检查变频器和控制系统的接线及初始状态。

图 9-34 为待调试的电动机变频器控制系统接线图。

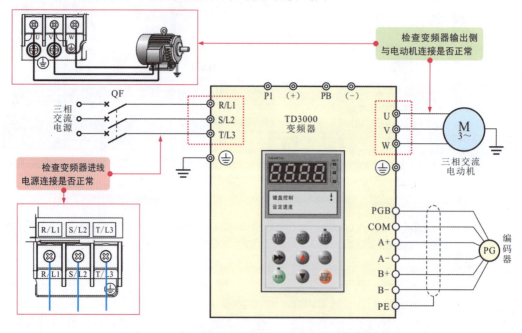

图 9-34 待调试的电动机变频器控制系统接线图

变频器通电前的检查主要包括:◇确认电源供电的电压正确,输入供电回路中连接好断路器;◇确认变频器接地、电源电缆、电动机电缆、控制电缆连接正确可靠;◇确认变频器冷却通风通畅;◇确认接线完成后变频器的盖子盖好;◇确定当前电动机处于空载状态(电动机与机械负载未连接)。

另外,在通电前的检查环节中,明确被控电动机性能参数也是调试前的重要准备工作,可根据被控电动机的铭牌识读参数信息。该参数信息是变频器参数设置过程中的重要参考依据。

闭合断路器,变频器通电,检查变频器是否有异常声响、冒烟、异味等情况;检查变频器操作显示面板有无故障报警信息,确认上电初始化状态正常。若有异常现象,应立即断开电源。

2 设置电动机参数信息

根据电动机铭牌参数信息在变频器中设置电动机的参数信息并自动调谐,如图9-35所示。

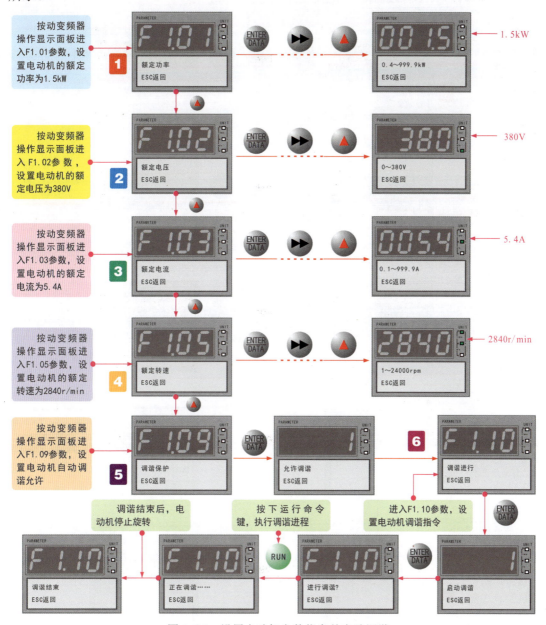

图 9-35 设置电动机参数信息并自动调谐

电动机的自动调谐是变频器自动获得电动机准确性能参数的一种方法。在一般情况下,在采用变频器控制电动机的系统中,在设定变频器控制运行方式前,应准确输入电动机的铭牌参数信息,变频器可根据参数信息匹配标准的电动机参数。但如果要获得更好的控制性能,则在设置完电动机参数信息后,可启动变频器自动调谐电动机,以获得被控电动机的准确参数。需要注意的是,在执行自动调谐前,必须确保电动机处于空载、停转状态。

3 设置变频器参数信息

正确设置变频器的运行控制参数,即在"F0"参数组下设定如控制方式、频率设定方式、频率设定、运行选择等功能信息,如图9-36所示。

图9-36 设置变频器的参数信息

 设置电动机和变频器的参数应根据实际需求设置极限参数、保护参数及保护方式等,如最大频率、上限频率、下限频率、电动机过载保护、变频器过载保护等,具体设置方法可参考变频器中各项功能参数组、功能码含义。

4 空载试运行调试

参数设置完成后,在电动机空载状态下,借助变频器的操作显示面板进行直接调试操作,如图9-37所示。

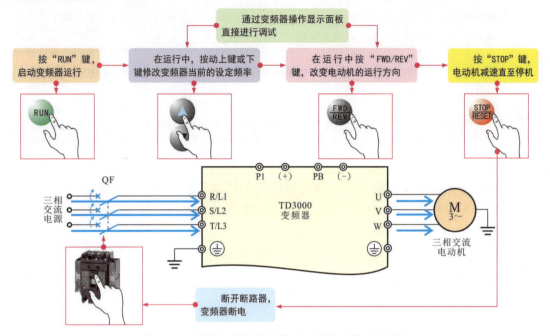

图9-37 借助变频器的操作显示面板直接进行调试

在如图9-37所示的控制关系下还可通过变频器的操作显示面板进行点动控制调试训练,如图9-38所示,在调试过程中,上电检查、电动机参数设置均与上述训练相同,不同的是设置变频器参数,除了设置变频器的参数信息外,还需设置变频器辅助参数(F2)。

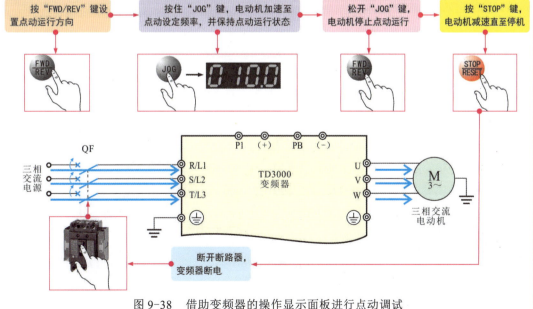

图9-38 借助变频器的操作显示面板进行点动调试

在调试过程中,要求电动机运行平稳、旋转正常,正、反向换向正常,加、减速正常,无异常振动、无异常噪声。若有异常情况,应立即停机检查,要求变频器操作面板按键控制功能正常、显示数据正常、风扇运转正常、无异常噪声和振动等。若有异常情况,应立即停机检查。

除了上述介绍的操作面板直接调试变频器之外,根据变频器的不同类型、不同应用场合,变频器所适用的调试方法有很多,如输入端子控制调试、综合调试等。其中,输入端子控制调试是指利用变频器输入端子连接控制部件的正、反转启动、停止等控制,并利用操作显示面板设定变频器频率,达到调整变频器运行状态和测试的目的;综合调试是指利用变频器模拟量端子设定变频器频率,借助控制端子外接控制部件控制运行,达到对变频器运行状态的调整和测试目的。

9.3 变频器的检测与代换

变频器属于精密电子器件,若使用不当、受外围环境影响或元器件老化,都会造成变频器无法正常工作或损坏,进而导致所控制的电动机无法正常运转(无法转动、转速不均、正转和反转控制失常等)。因此,掌握变频器的检测方法是电气技术人员应具备的重要操作技能。

9.3.1 变频器的检测

当变频器出现故障后,需要采取一定的手段或借助一定的检测方法进行检测,通过分析检测数据,判断故障原因。目前,变频器的检测方法主要有静态检测和动态检测两种。

1 变频器的静态检测方法

静态检测是指在变频器断电的情况下,使用万用表检测各种电子元件、电气部件、各端子之间的阻值或变频器的绝缘阻值等是否正常。

以检测变频器外围电路中的启动按钮为例,检测时,断开电源总开关,用万用表检测启动按钮的阻值,根据检测结果判断好坏,找出故障点,如图9-39所示。

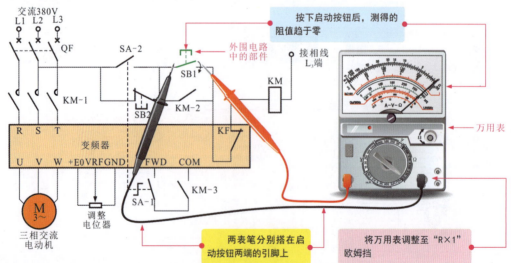

图9-39 变频器的静态检测方法

若阻值为无穷大，则说明启动按钮已经损坏，应更换。同理，启动按钮在断开的情况下，两端的阻值应为无穷大，若有趋于零的情况，则说明启动按钮已经损坏。以此排查变频器外围电路是否存在异常，排除外围故障因素。

当怀疑变频器存在漏电情况时，可借助兆欧表对变频器进行绝缘测试。变频器主电路部分的绝缘测试如图 9-40 所示。

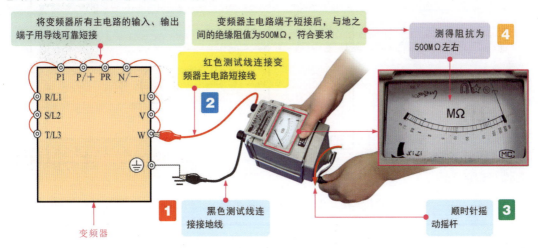

图 9-40　变频器主电路部分的绝缘测试

2　变频器的动态检测方法

静态检测正常后才可进行动态检测，即上电检测，检测变频器通电后的输入/输出电压、电流、功率等是否正常。

图 9-41 为变频器的动态检测方法。

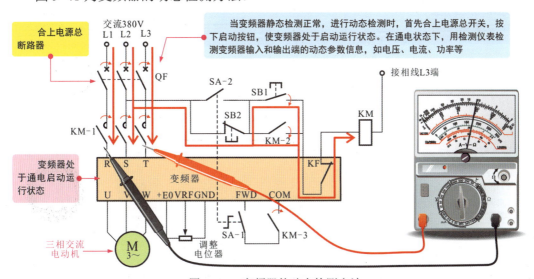

图 9-41　变频器的动态检测方法

 变频器工作时，输入端（电源端）、输出端的电压、电流中均含有谐波，实测时，采用不同的测量仪表所测得的结果会有所不同。

变频器通电后,通过相关操作开始启动运行,在该状态下,可通过检测变频器输入/输出端电压、电流、功率等动态参数判断变频器当前的工作状态。

变频器输入、输出端的电流一般采用动铁式交流电流表检测,如图9-42所示。动铁式交流电流表测量的是电流的有效值,通电后,两块铁产生磁性,相互吸引,使指针转动,指示电流值,具有灵敏度和精度高的特点。

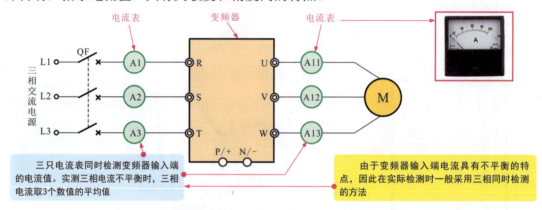

图9-42 变频器输入、输出端电流的检测

 在变频器的操作显示面板上通常能够即时显示变频器的输入、输出电流参数,即使在变频器输出频率发生变化时也能够显示正确的数值,因此通过变频器操作显示面板获取变频器输入、输出端电流数值是一种比较简单、有效的方法。

检测变频器输入、输出端电压时,由于输入端电压为普通的交流正弦波,因此使用一般的交流电压表检测即可,如图9-43所示,输出端为矩形波(由变频器内部PWM控制电路决定),为了防止PWM信号干扰,检测时一般采用整流式电压表。

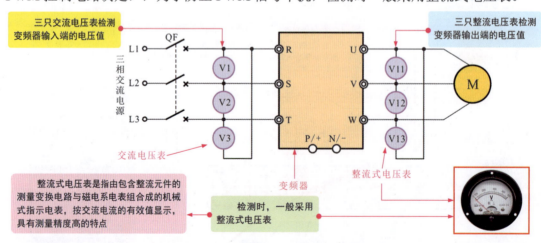

图9-43 变频器输入、输出端电压的检测

 在变频器的操作显示面板上,即使在变频器输出频率发生变化时,也能够显示正确的数值,因此通过变频器操作显示面板获取变频器输入、输出端的电压数值是一种比较简单有效的方法。
采用一般万用表检测输出端三相电压时可能会受到干扰,所读的数据会不准确(一般数值会偏大),只能作为参考。

变频器输入、输出端功率的检测方法与电流检测方法相似，多通过电动式功率表检测，通常采用三相功率同时检测的方法，如图9-44所示。

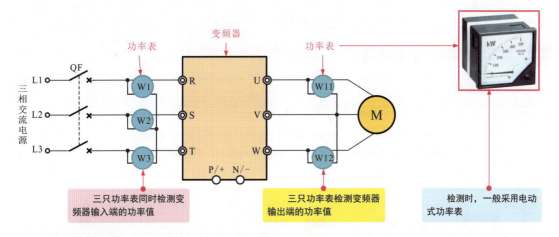

图 9-44　变频器输入、输出端功率的检测

根据实测变频器输入、输出端电流及电压和功率的数值，可以计算出变频器输入、输出端的功率因数。计算公式为

$$输入端功率因数 = \frac{输入功率}{3 \times 输入电压 \times 输入电流（三相平均电流）}$$

$$输出端功率因数 = \frac{输出功率}{3 \times 输出电压 \times 输出电流（三相平均电流）}$$

图 9-45 为变频器输入、输出端电流、电压的关系。

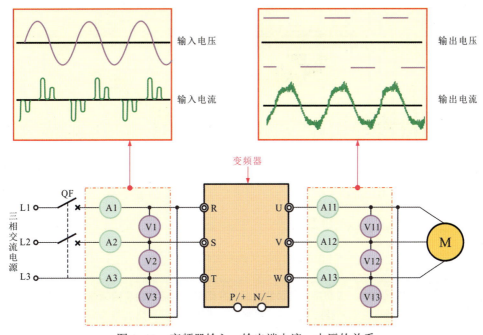

图 9-45　变频器输入、输出端电流、电压的关系

9.3.2 变频器的代换

变频器由半导体器件和许多电子元件构成，在使用一定时间后会发生劣化，降低变频器的性能，甚至会引起故障。若在检修过程中发现零部件损坏，则需要更换。

1 变频器元件的代换

经检测发现变频器内部元件损坏且无法修复时，需要代换相应的元件。下面以检修代换损坏频率最高的冷却风扇和平滑滤波电容为例进行实际操作训练。

冷却风扇主要用于变频器中半导体等发热器件的散热冷却，在使用一定年限（一般为10年）后，或检查中发现出现异常声响、振动时，需要更换冷却风扇。

图9-46为冷却风扇的代换方法。

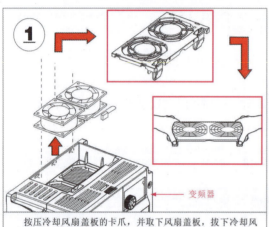
按压冷却风扇盖板的卡爪，并取下风扇盖板，拔下冷却风扇与变频器电路板之间的插件，将冷却风扇取下。

寻找同规格的、可替换的冷却风扇。

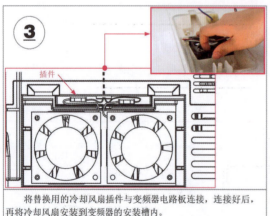
将替换用的冷却风扇插件与变频器电路板连接，连接好后，再将冷却风扇安装到变频器的安装槽内。

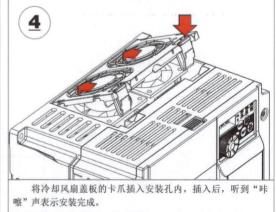
将冷却风扇盖板的卡爪插入安装孔内，插入后，听到"咔嚓"声表示安装完成。

图9-46 冷却风扇的代换方法

更换冷却风扇时，应切断变频器的电源。在切断电源后，由于变频器内部仍存有余电，容易引发触电，因此注意不要触碰电路。更换时，应注意冷却风扇的旋转风向，若冷却风扇的风向错误，会缩短变频器的使用寿命。

在变频器中,主电路部分使用了大容量的平滑滤波电容,由于脉动电流等影响,平滑滤波电容的特性会变差,因此在变频器使用一定年限(约为10年)后需要更换,以确保变频器稳定可靠地运行。

图9-47为变频器平滑滤波电容的代换方法。

图9-47 变频器平滑滤波电容的代换方法

2 变频器的整体代换

经检测,变频器损坏严重无法修复,或达到使用寿命年限时,需要更换整个变频器。该操作要求切断变频器电源10min后,使用万用表测量无电压的情况下才可进行。下面以三菱FR-A700型变频器为例介绍变频器的更换方法,如图9-48所示。

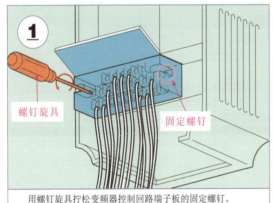

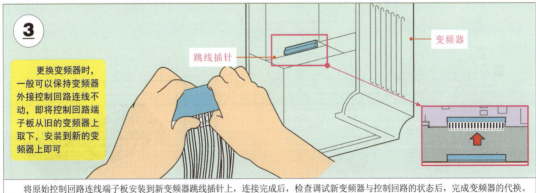

图9-48 变频器的整体代换

第10章 变频技术的实际应用

10.1 制冷设备中变频电路的实际应用

10.1.1 海信 KFR—4539（5039）LW/BP 型变频空调器中的变频电路

图 10-1 为海信 KFR—4539（5039）LW/BP 型变频空调器中的变频电路，主要由控制电路、过电流检测电路、变频模块和变频压缩机构成。

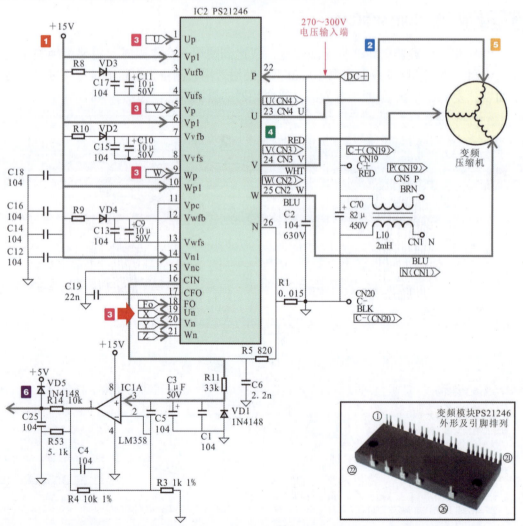

图 10-1　海信 KFR—4539（5039）LW/BP 型变频空调器中的变频电路

1 电源供电电路输出的 +15V 直流电压分别送入变频模块 IC2（PS21246）的 2 脚、6 脚、10 脚和 14 脚中，为变频模块提供所需的工作电压。

2 变频模块 IC2（PS21246）的 22 脚为 +300V 电压输入端，为 IC2 的 IGBT 提供工作电压。

3 室外机控制电路中的微处理器 CPU 为变频模块 IC2（PS21246）的 1 脚、5 脚、9 脚、18～21 脚提供控制信号，控制变频模块内部逻辑电路工作。

4 控制信号经变频模块 IC2（PS21246）内部电路逻辑控制后，由 23～25 脚输出变频驱动信号，分别加到变频压缩机的三相绕组端。

5 变频压缩机在变频驱动信号的驱动下启动运转。

6 过电流检测电路对变频电路进行检测和保护，当变频模块内部的电流值过高时，便将过电流检测信号送往微处理器中，由微处理器对室外机电路实施保护控制。

变频模块 PS21246 的内部主要由 HVIC1、HVIC2、HVIC3 和 LVIC 4 个逻辑控制电路，6 个功率输出 IGBT（门控管）和 6 个阻尼二极管等部分构成，如图 10-2 所示。+300V 的 P 端为 IGBT 提供电源电压，由供电电路为逻辑控制电路提供 +5V 的工作电压，由微处理器为 PS21246 输入控制信号，经功率模块内部的逻辑处理后为 IGBT 控制极提供驱动信号，U、V、W 端为直流无刷电动机绕组提供驱动电流。

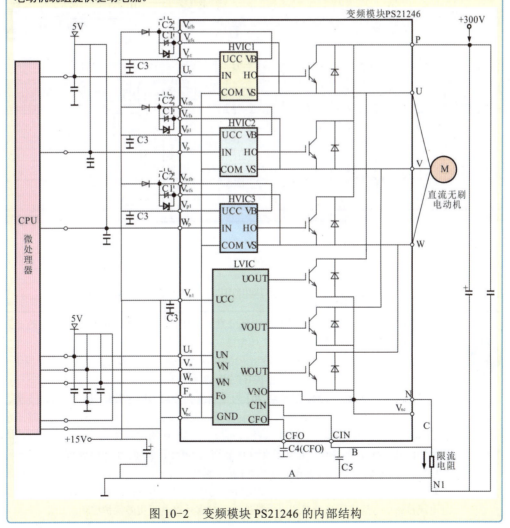

图 10-2　变频模块 PS21246 的内部结构

10.1.2 海信 KFR—25GW/06BP 型变频空调器中的变频电路

图 10-3 为海信 KFR—25GW/06BP 型变频空调器中的变频电路。该电路采用智能变频模块作为变频电路对变频压缩机进行调速控制，同时，智能变频模块的电流检测信号会送到微处理器中，由微处理器根据信号保护变频模块。变频电路满足供电等工作条件后，由室外机控制电路中的微处理器（MB90F462—SH）为变频模块 IPM201（PS21564）提供控制信号，经变频模块 IPM201（PS21564）内部电路的逻辑控制后，为变频压缩机提供变频驱动信号，驱动变频压缩机启动运转。

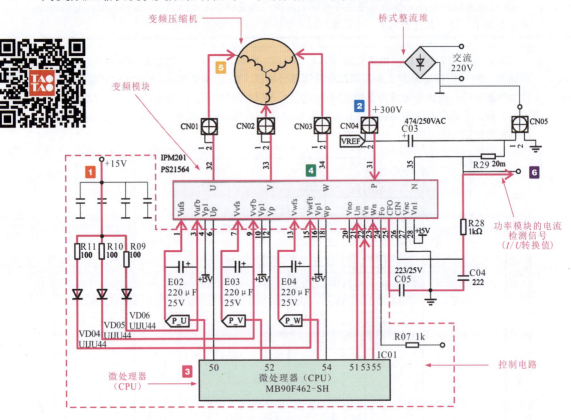

图 10-3 海信 KFR—25GW/06BP 型变频空调器中的变频电路

1 电源供电电路输出的 +15V 直流电压分别送入变频模块 IPM201（PS21564）的 3 脚、9 脚和 15 脚中，为变频模块提供所需的工作电压。

2 交流 220V 电压经桥式整流堆输出 +300V 直流电压，经接口 CN04 加到变频模块 IPM201（PS21564）的 31 脚，为 IPM201 的 IGBT 提供工作电压。

3 室外机控制电路中的微处理器 CPU 为变频模块 IPM201（PS21564）的 1 脚、6 脚、7 脚、12 脚、13 脚、18 脚、21～23 脚提供控制信号，控制变频模块内部的逻辑控制电路工作。

4 控制信号经变频模块 IPM201（PS21564）内部电路的逻辑控制后，由 32～34 脚输出变频驱动信号，经接口 CN01、CN02、CN03 分别加到变频压缩机的三相绕组端。

5 变频压缩机在变频驱动信号的驱动下启动运转。

6 过电流检测电路对变频驱动电路进行检测和保护，当变频模块内部的电流值过高时，将过电流检测信号送往微处理器中，由微处理器对室外机电路实施保护控制。

图10-4为PS21564智能功率模块的实物外形、引脚排列、内部结构及引脚功能。

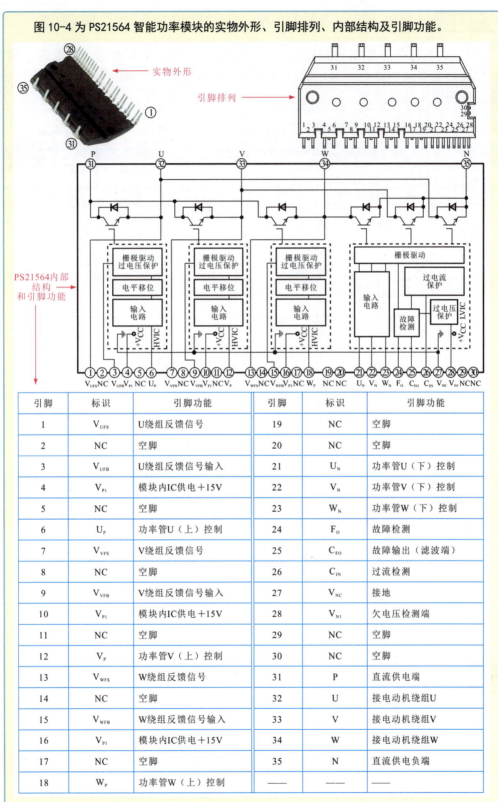

引脚	标识	引脚功能	引脚	标识	引脚功能
1	V_{UFS}	U绕组反馈信号	19	NC	空脚
2	NC	空脚	20	NC	空脚
3	V_{UFB}	U绕组反馈信号输入	21	U_N	功率管U(下)控制
4	V_{P1}	模块内IC供电+15V	22	V_N	功率管V(下)控制
5	NC	空脚	23	W_N	功率管W(下)控制
6	U_P	功率管U(上)控制	24	F_O	故障检测
7	V_{VFS}	V绕组反馈信号	25	C_{FO}	故障输出(滤波端)
8	NC	空脚	26	C_{IN}	过流检测
9	V_{VFB}	V绕组反馈信号输入	27	V_{NC}	接地
10	V_{P1}	模块内IC供电+15V	28	V_{N1}	欠电压检测端
11	NC	空脚	29	NC	空脚
12	V_P	功率管V(上)控制	30	NC	空脚
13	V_{WFS}	W绕组反馈信号	31	P	直流供电端
14	NC	空脚	32	U	接电动机绕组U
15	V_{WFB}	W绕组反馈信号输入	33	V	接电动机绕组V
16	V_{P1}	模块内IC供电+15V	34	W	接电动机绕组W
17	NC	空脚	35	N	直流供电负端
18	W_P	功率管W(上)控制	——	——	——

图10-4 PS21564智能功率模块的外形、引脚排列、内部结构及引脚功能

10.1.3　海信 KFR—5001LW/BP 型变频空调器中的变频电路

图 10-5 为海信 KFR—5001LW/BP 型变频空调器的变频电路。该电路采用智能变频模块作为变频电路对变频压缩机进行控制，微处理器送来的控制信号通过光耦合器送到变频模块中。

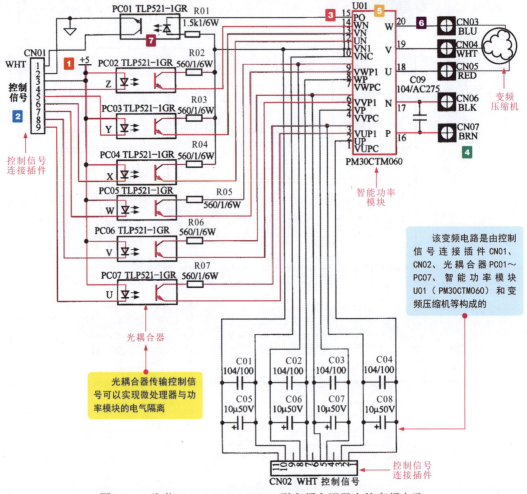

图 10-5　海信 KFR—5001LW/BP 型变频空调器中的变频电路

1 由室外机电源电路送来的 +5V 供电电压分别为光耦合器 PC02～PC07 供电。

2 由微处理器送来的控制信号首先送入光耦合器 PC02～PC07 中。

3 PC02～PC07 送出的电信号分别送入智能功率模块 U01 中，驱动内部逆变电路工作。

4 室外机电源电路送来的直流 300V 电压经插件 CN07 和 CN06 送入智能功率模块内部的 IGBT 逆变电路中。

5 智能功率模块在控制电路控制下将直流电压逆变为变频压缩机的变频驱动信号。

6 智能功率模块工作后，由 U、V、W 端输出变频驱动信号，经插件 CN03～CN05 分别加到变频压缩机的三相绕组端，变频压缩机工作。

7 当逆变器内部的电流值过高时，由其 11 脚输出过电流检测信号送入光耦合器 PC01 中，经光电转换后，变为电信号送往室外机控制电路中，由室外机控制电路实施保护控制。

图 10-6 为 PM30CTM060 型变频功率模块，共有 20 个引脚，主要由 4 个逻辑控制电路、6 个功率输出 IGBT、6 个阻尼二极管构成，如图 10-6 所示。

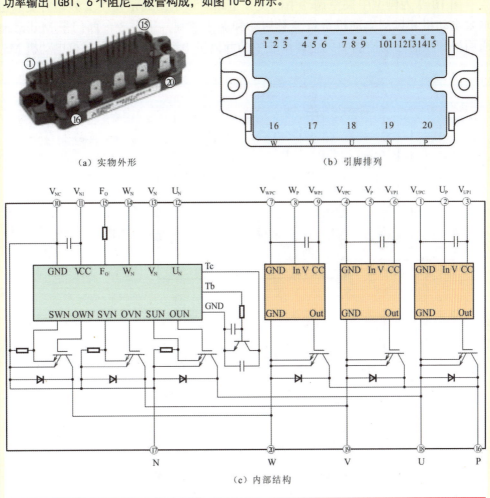

引脚	标识	引脚功能	引脚	标识	引脚功能
1	V_{UPC}	接地	11	V_{N1}	欠电压检测端
2	U_P	功率管U（上）控制	12	U_N	功率管U（下）控制
3	V_{UP1}	模块内IC供电	13	V_N	功率管V（下）控制
4	V_{VPC}	接地	14	W_N	功率管W（下）控制
5	V_P	功率管V（上）控制	15	F_O	故障检测
6	V_{VP1}	模块内IC供电	16	P	直流供电端
7	V_{WPC}	接地	17	N	直流供电负端
8	W_P	功率管W（上）控制	18	U	接电动机绕组U
9	V_{WP1}	模块内IC供电	19	V	接电动机绕组V
10	V_{NC}	接地	20	W	接电动机绕组W

图 10-6　PM30CTM060 型变频功率模块的外形、引脚排列、内部结构及引脚功能

10.1.4 中央空调器中的变频电路

图10-7为典型中央空调器中的变频电路。该电路通常使用变频器对变频压缩机、水泵电动机和风扇电动机进行变频启动和调速控制，采用3台西门子MidiMaster ECO通用型变频器分别控制中央空调系统中的回风机电动机M1和送风机电动机M2、M3。

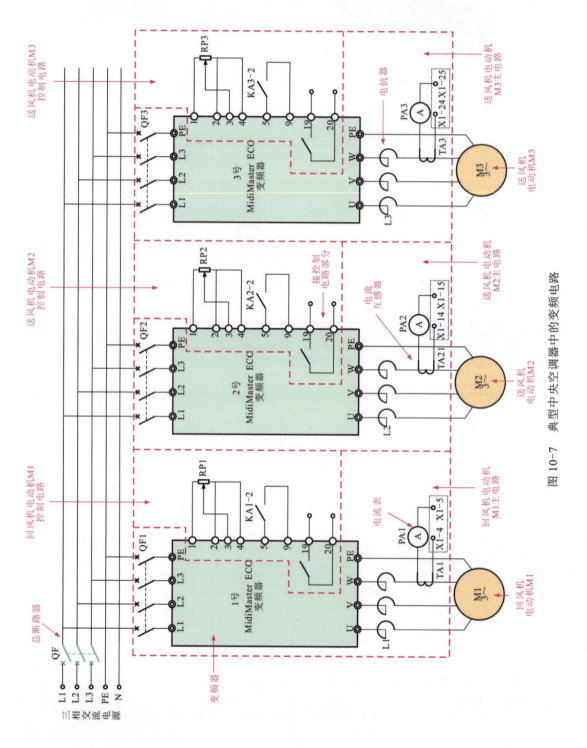

图10-7 典型中央空调器中的变频电路

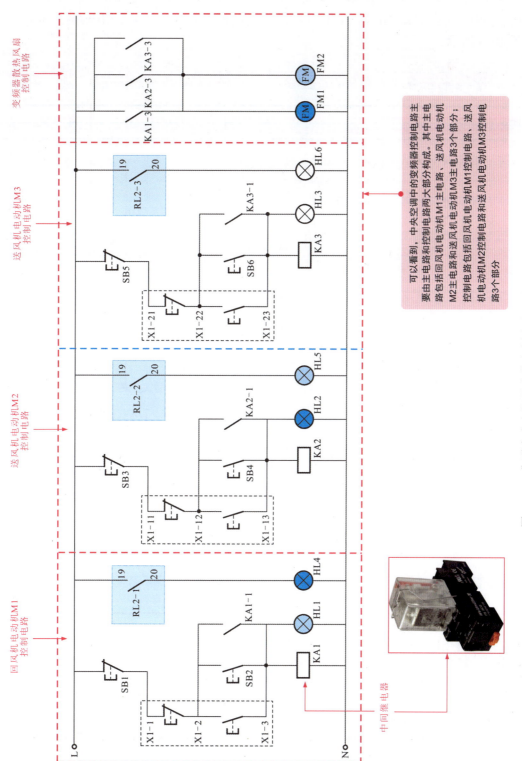

图 10-7 典型中央空调器中的变频电路（续）

在中央空调器变频电路中，回风机电动机 M1、送风机电动机 M2 和 M3 的电路结构及变频控制关系均相同。下面以回风机电动机 M1 为例具体介绍电路控制过程，如图 10-8 所示。

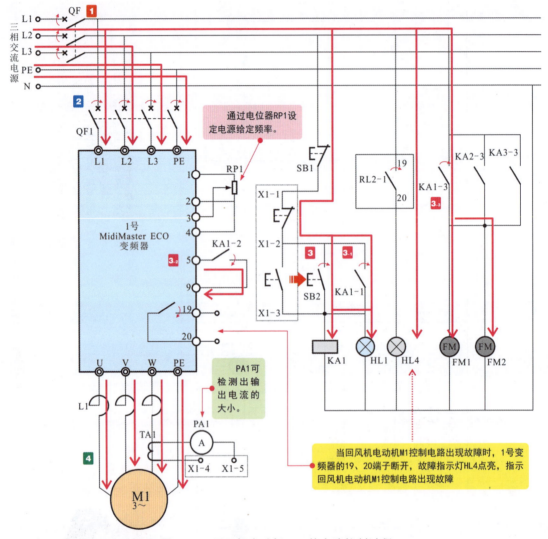

图 10-8　回风机电动机 M1 的电路控制过程

1 合上总断路器 QF，接通中央空调器的三相电源。

2 合上断路器 QF1，1 号变频器得电。

3 按下启动按钮 SB2，中间继电器 KA1 线圈得电。

　3.1 KA1 常开触头 KA1-1 闭合，实现自锁功能。同时运行指示灯 HL1 点亮，指示回风机电动机 M1 启动工作。

　3.2 KA1 常开触头 KA1-2 闭合，变频器接收变频启动指令。

　3.3 KA1 常开触头 KA1-3 闭合，接通变频柜散热风扇 FM1、FM2 的供电电源，散热风扇 FM1、FM2 启动工作。

4 变频器内部主电路开始工作，U、V、W 端输出变频驱动信号，信号频率按预置的升速时间上升至频率给定电位器设定的数值，回风机电动机 M1 按照给定的频率运转。

224

图10-9为回风机电动机M1的变频停机控制过程。

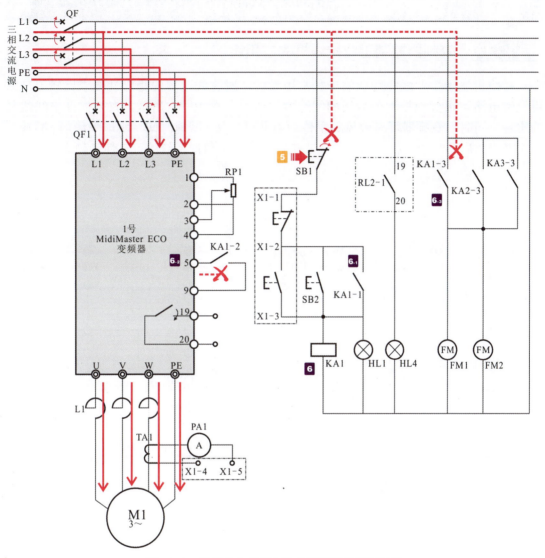

图10-9　回风机电动机M1的变频停机控制过程

5 按下停止按钮SB1,运行指示灯HL1熄灭。

6 中间继电器KA1线圈失电,触点全部复位。

  6-1 KA1的常开触头KA1-1复位断开,解除自锁功能。

  6-2 KA1常开触头KA1-2复位断开,变频器接收到停机指令。

  6-3 KA1常开触头KA1-3复位断开,切断变频柜散热风扇FM1、FM2的供电电源,散热风扇停止工作。

7 变频器内部电路处理由U、V、W端输出变频停机驱动信号,加到回风机电动机M1的三相绕组上,M1转速降低,直至停机。

在中央空调器系统中,送风机电动机M2、送风机电动机M3的变频启动、停机控制过程与上述回风机电动机M1的控制过程相似,可参照上述分析了解具体过程。

10.2 工业设备中变频电路的实际应用

10.2.1 变频器控制工业拉线机的应用案例

拉线机属于工业线缆行业的一种常用设备,对收线速度的稳定性要求比较高,采用变频电路可很好地控制前后级的线速度同步,如图 10-10 所示,有效保证出线线径的质量。同时,变频器可有效控制主传动电动机的加/减速时间,实现平稳加/减速,不仅能避免启动时的负载波动,实现节能效果,还可保证系统的可靠性和稳定性。

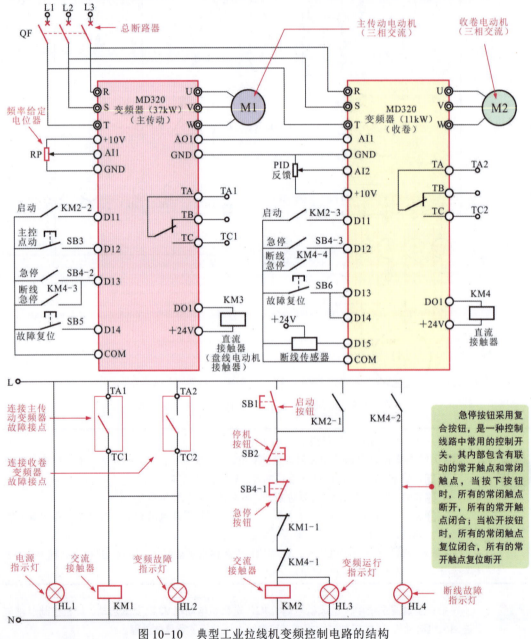

图 10-10 典型工业拉线机变频控制电路的结构

结合变频电路中变频器与各电气部件的功能特点，分析典型工业拉线机变频控制电路的工作过程，如图10-11所示。

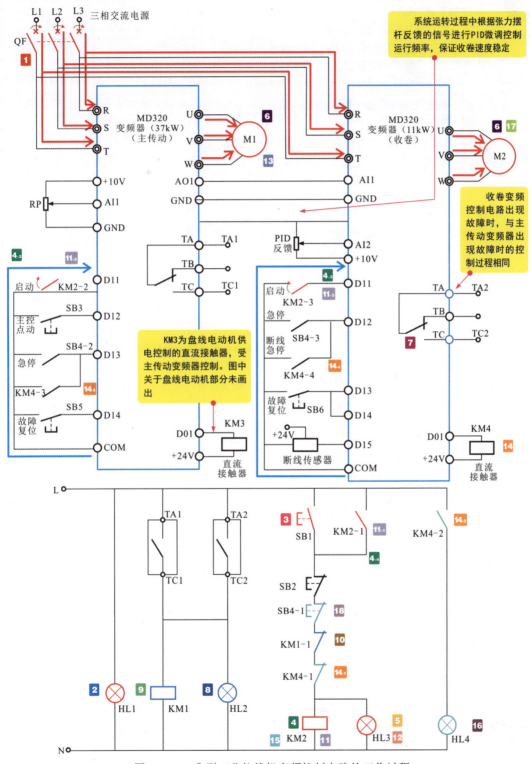

图10-11 典型工业拉线机变频控制电路的工作过程

1 合上总断路器 QF,接通三相电源。

2 电源指示灯 HL1 点亮。

3 按下启动按钮 SB1。

3 → **4** 交流接触器 KM2 线圈得电。

   4-1 常开触点 KM2-1 闭合自锁。

   4-2 常开触点 KM2-2 闭合,主传动用变频器执行启动指令。

   4-3 常开触点 KM2-3 闭合,收卷用变频器执行启动指令。

3 → **5** 变频运行指示灯 HL3 点亮。

4-2 + **4-3** → **6** 主传动和收卷用变频器内部主电路开始工作,U、V、W 端输出变频电源,电源频率按预置的升速时间上升至频率给定电位器设定的数值,主传动电动机 M1 和收卷电动机 M2 按照给定的频率正向运转。收卷电动机运转期间根据张力摆杆的反馈信号进行 PID 微调控制运行频率,保证收卷速度稳定。

7 若主传动变频控制电路出现过载、过电流等故障,则主传动变频器故障输出端子 TA 和 TC 短接。

7 → **8** 故障指示灯 HL2 点亮。

7 → **9** 交流接触器 KM1 的线圈得电。

9 → **10** 常闭触点 KM1-1 断开。

10 → **11** 交流接触器 KM2 线圈失电。

   11-1 常开触点 KM2-1 复位断开解除自锁。

   11-2 常开触点 KM2-2 复位断开,切断主传动用变频器启动指令输入。

   11-3 常开触点 KM2-3 复位断开,切断收卷用变频器启动指令输入。

10 → **12** 变频运行指示灯 HL3 熄灭。

11-2 + **11-3** → **13** 主传动和收卷用变频器内部电路退出运行,主传动电动机和收卷电动机失电而停止工作,由此实现自动保护功能。

当系统运行过程中出现断线时,收卷电动机驱动变频器外接断线传感器将检测到的断线信号送至变频器中。

14 变频器 DO1- 端子输出控制指令,直流接触器 KM4 的线圈得电。

   14-1 常闭触点 KM4-1 断开。

   14-2 常开触点 KM4-2 闭合。

   14-3 常开触点 KM4-3 闭合,为主传动用变频器提供紧急停机指令。

   14-4 常开触点 KM4-4 闭合,为收卷用变频器提供紧急停机指令。

14-1 → **15** 交流接触器 KM2 线圈失电,触点全部复位,切断变频器启动指令输入。

14-2 → **16** 断线故障指示灯 HL4 点亮。

14-3 + **14-4** → **17** 主传动和收卷用变频器执行急停车指令,主传动电动机和收卷电动机停转。

18 该变频控制电路还可通过按下急停按钮 SB4 实现紧急停机。常闭触点 SB4-1 断开,交流接触器 KM2 失电,触点全部复位断开,切断主传动变频器和收卷变频器启动指令的输入。同时,常开触点 SB4-2、SB4-3 闭合,分别为两只变频器送入急停机指令,控制主传动和收卷电动机紧急停机。

完成接线处理后,可分别按动复位按钮 SB5、SB6,变频器即可复位恢复正常工作。

10.2.2 变频器控制多台电动机正 / 反转运行的应用案例

图 10-12 为多台并联电动机正 / 反转变频控制电路的结构组成。该变频控制电路的

核心为变频器，由一台变频器控制多台并联电动机的正/反转，使多台电动机在同一频率下工作，实现多台并联电动机的变频启动、运行和停机等控制功能。

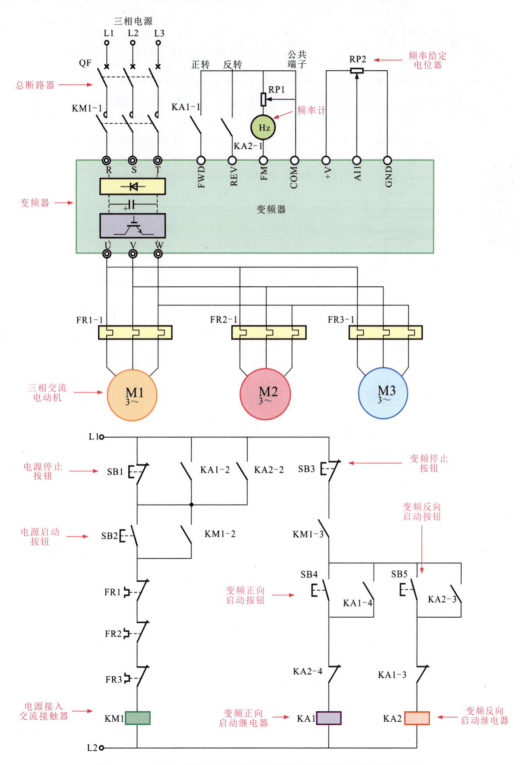

图 10-12　多台并联电动机正/反转变频控制电路的结构组成

图 10-13 为多台并联电动机正/反转变频控制电路的工作过程。

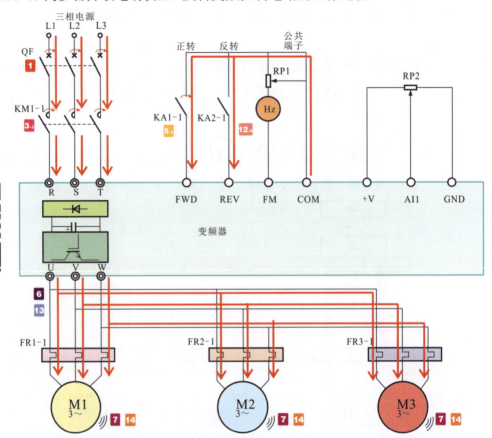

图 10-13　多台并联电动机正/反转变频控制电路的工作过程

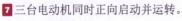

1 合上总断路器 QF，接通主电路三相电源，控制电路得电。
2 按下电源启动按钮 SB2。
2→**3** 交流接触器 KM1 线圈得电。
　　3-1 常开辅助触点 KM1-2 闭合，实现自锁。
　　3-2 常开辅助触点 KM1-3 闭合，为中间继电器 KA1、KA2 得电做好准备。
　　3-3 常开主触点 KM1-1 闭合，变频器的主电路输入端 R、S、T 接入三相交流电源，变频器进入准备工作状态。
4 按下变频正向启动按钮 SB4。
4→**5** 变频器正向启动继电器 KA1 线圈得电。
　　5-1 常开触点 KA1-4 闭合，实现自锁。
　　5-2 常闭触点 KA1-3 断开，防止变频器反向启动继电器 KA2 线圈得电。
　　5-3 常开触点 KA1-2 闭合，锁定电源停止按钮 SB1（此状态下按下按钮 SB1 无效），防止误操作使变频器在运转状态下突然断电，影响变频器的使用及电路安全。
　　5-4 常开触点 KA1-1 闭合，变频器正转启动端子 FWD 与公共端子 COM 短接。
5→**6** 变频器收到正转启动运转指令，内部主电路开始工作，U、V、W 端输出正向变频启动信号，同时加到三台电动机 M1～M3 的三相绕组上。
7 三台电动机同时正向启动并运转。

230

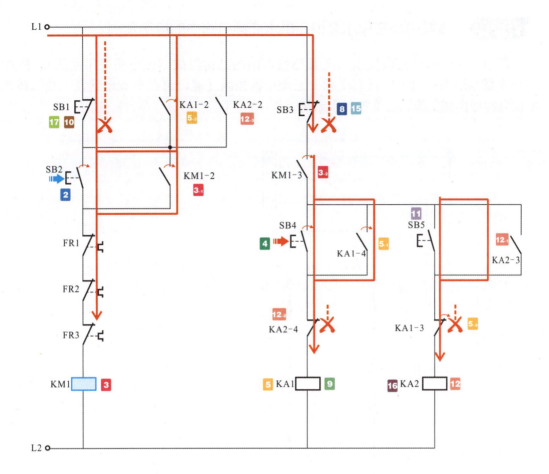

图 10-13　多台并联电动机正/反转变频控制电路的工作过程（续）

8 若需要电动机停止运转，则按下变频器停止按钮 SB3。

8→**9** 变频器正向启动继电器 KA1 线圈失电，所有触点均复位，变频器再次进入准备工作状态。

10 若长时间不使用该变频系统时，则可按下电源停止按钮 SB1，切断电路供电电源。

11 当需要电动机反向运转时，按下变频器反向启动按钮 SB5。

12 变频器反向启动继电器 KA2 线圈得电。

　　12-1 常开触点 KA2-3 闭合，实现自锁。

　　12-2 常闭触点 KA2-4 断开，防止变频器正向启动继电器 KA1 线圈得电。

　　12-3 常开触点 KA2-2 闭合，锁定电源停止按钮 SB1。

　　12-4 常开触点 KA2-1 闭合，变频器反转启动端子 REV 与公共端子 COM 短接。

13 变频器收到反转启动运转指令，内部主电路开始工作，U、V、W 端输出反向变频启动信号，同时加到三台电动机 M1～M3 的三相绕组上。

14 三台电动机同时反向启动并运转。

15 若需要电动机停止运转，则按下变频器停止按钮 SB3。

16 变频器反向启动继电器 KA2 的线圈失电，带动所有触点复位，变频器再次进入准备工作状态。

17 若长时间不使用该变频系统时，则可按下电源停止按钮 SB1，切断电路供电电源。

10.2.3　变频电路在单水泵恒压供水变频电路中的应用案例

图10-14为单水泵恒压供水变频控制电路的结构组成。该电路采用康沃CVF-P2风机水泵专用型变频器，具有变频—工频切换控制功能，可在变频电路发生故障或维护检修时切换到工频状态维持供水系统工作。

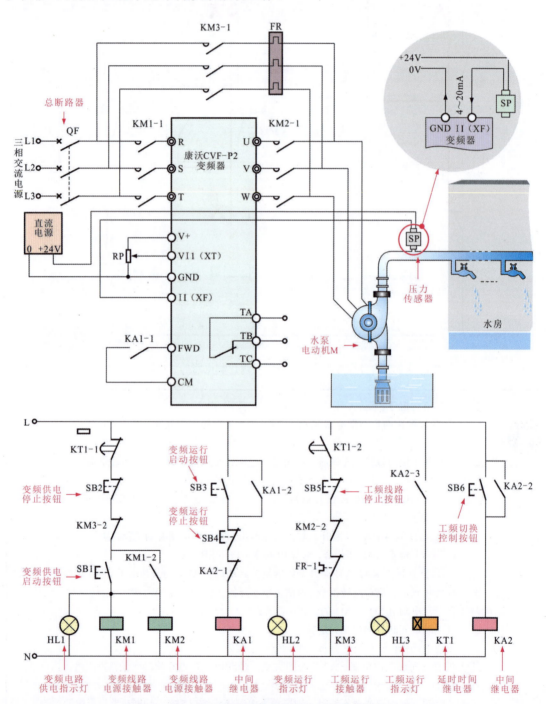

图10-14　单水泵恒压供水变频控制电路的结构组成

单水泵供水变频控制电路通过变频器控制水泵电动机实现自动控制供水量,满足对水量的需求。

图 10-15 为变频器控制单水泵恒压供水的原理示意图。

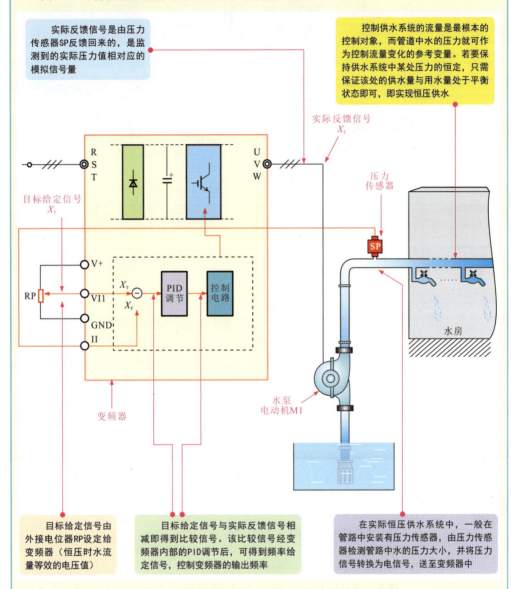

图 10-15 变频器控制单水泵恒压供水的原理示意图

当用水量减少、供水能力大于用水需求时,水压上升,实际反馈信号 X_F 变大,目标给定信号 X_T 与 X_F 的差减小,经 PID 处理后的频率给定信号变小,变频器输出频率下降,水泵电动机 M1 转速下降,供水能力下降。

当用水量增加、供水能力小于用水需求时,水压下降,实际反馈信号 X_F 减小,目标给定信号 X_T 与 X_F 的差增大,经 PID 处理后的频率给定信号变大,变频器输出频率上升,水泵电动机 M1 转速上升,供水能力提高,直到压力大小等于目标值、供水能力与用水需求之间达到平衡为止,即实现恒压供水。

分析恒压供水变频控制电路，首先闭合主电路断路器 QF，分别按下变频供电启动力传感器的反馈信号与设定信号相比较作为控制变频器输出的依据，使变频器根据实

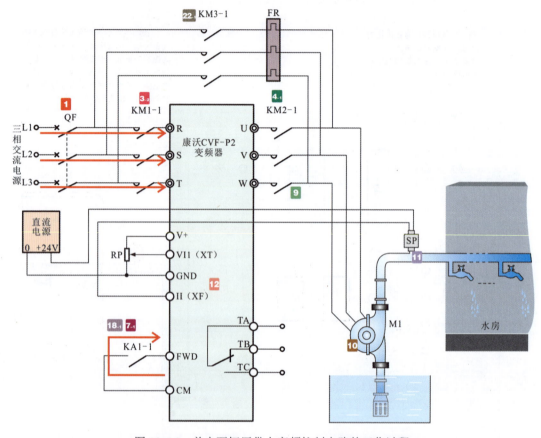

图 10-16　单水泵恒压供水变频控制电路的工作过程

❶ 合上总断路器 QF，接通控制电路供电电源。

❷ 按下变频供电启动按钮 SB1。

❷→❸ 交流接触器 KM1 线圈得电吸合。

　　　❸₂ 常开辅助触点 KM1-2 闭合自锁。

　　　❸₁ 常开主触点 KM1-1 闭合，变频器的主电路输入端 R、S、T 得电。

❷→❹ 交流接触器 KM2 线圈得电吸合。

　　　❹₁ 常开主触点 KM2-1 闭合，变频器的输出侧与电动机 M1 相连，为变频器控制电动机运行做好准备。

　　　❹₂ 常闭辅助触点 KM2-2 断开，防止交流接触器 KM3 线圈得电，起联锁保护作用。

❷→❺ 变频电路供电指示灯 HL1 点亮。

❻ 按下变频运行启动按钮 SB3。

❻→❼ 中间继电器 KA1 线圈得电。

　　　❼₁ 常开辅助触点 KA1-1 闭合，变频器 FWD 端子与 CM 端子短接。

　　　❼₂ 常开辅助触点 KA1-2 闭合自锁。

❻→❽ 变频运行指示灯 HL2 点亮。

按钮 SB1、变频运行启动按钮 SB3 后,控制系统进入变频控制工作状态,同时,将压际水压情况,自动控制电动机的运转速度,实现恒压供水的目的,如图 10-16 所示。

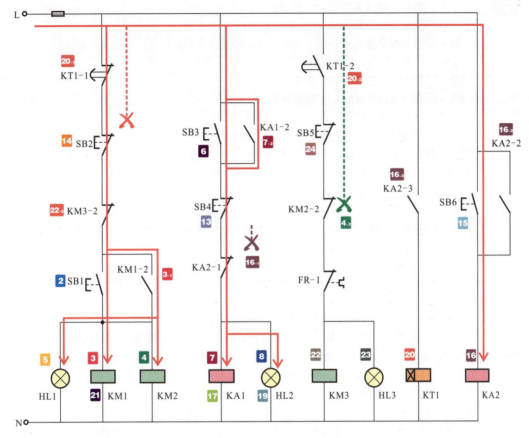

图 10-16 单水泵恒压供水变频控制电路的工作过程（续）

7→9 变频器接收到启动指令（正转），内部主电路开始工作，U、V、W 端输出变频电源，经 KM2-1 后，加到水泵电动机 M1 的三相绕组上。

10 水泵电动机 M1 开始启动运转，将蓄水池中的水通过管道送入水房，进行供水。

11 水泵电动机 M1 工作时，供水系统中的压力传感器 SP 实施检测供水压力状态，并将检测到的水压力转换为电信号反馈到变频器端子 II（XF）上。

12 变频器端子 II（XF）将反馈信号与初始目标设定端子 VI1（XT）给定信号相比较，将比较信号经变频器内部 PID 调节处理后得到频率给定信号，控制变频器输出的电源频率升高或降低，控制电动机转速增大或减小。

13 若需要变频控制线路停机时，按下变频运行停止按钮 SB4 即可。

14 若需要对变频电路进行检修或长时间不使用控制电路时，需按下变频供电停止按钮 SB2 及断路器 QF，切断供电电路。

该控制电路具有工频—变频切换功能，当变频电路维护或故障时，可将电路切换到工频运行状态，通过工频切换控制按钮 SB6 自动延时切换到工频运行状态，由工频电源为水泵电动机 M1 供电，用于在变频电路维护或检修时维持供水系统工作。

15 按下工频切换控制按钮 SB6。

16 中间继电器 KA2 线圈得电。

　　16-1 常闭触点 KA2-1 断开。

　　16-2 常开触点 KA2-2 闭合自锁。

　　16-3 常开触点 KA2-3 闭合。

16-1 → 17 中间继电器 KA1 线圈失电释放，KA1 的所有触点均复位。

18 KA1-1 复位断开，切断变频器运行端子回路，变频器停止输出。

16-3 → 19 变频运行指示灯 HL2 熄灭。

16-3 → 20 延时时间继电器 KT1 线圈得电。

　　20-1 延时断开触点 KT1-1 延时一段时间后断开。

　　20-2 延时闭合触点 KT1-2 延时一段时间后闭合。

20-1 → 21 交流接触器 KM1、KM2 线圈均失电，同时变频电路供电指示灯 HL1 熄灭，交流接触器 KM1、KM2 的所有触点均复位，主电路中将变频器与三相交流电源断开。

20-2 → 22 工频运行接触器 KM3 线圈得电。

　　22-1 常开主触点 KM3-1 闭合，水泵电动机 M1 接入工频电源，开始运行。

　　22-2 常闭辅助触点 KM3-2 断开，防止 KM2、KM1 线圈得电，起联锁保护作用。

22-1 → 23 工频运行指示灯 HL3 点亮。

24 若需要工频控制线路停机时，按下工频线路停止按钮 SB5 即可。

变频器控制电路进行工频—变频（见图 10-17）切换时需要注意：

◆ 电动机从变频控制电路切出前，变频器必须停止输出。

例如，在上述线路中，首先通过中间继电器 KA2 控制变频器运行信号被切断，然后在通过延时时间继电器延时一段时间后（至少延时 0.1s），KM2 被切断，将电动机切出变频控制电路。不允许变频器停止输出和 KM2 切断同时动作。

◆ 当变频运行切换到工频运行时，采用同步切换的方法，即切换前，变频器输出频率应达到工频，切换延时 0.2～0.4s 后，KM3 闭合，电动机的转速应控制在额定转速的 80% 以内。

◆ 当由工频运行切换到变频运行时，应保证变频器的输出频率与电动机的运行频率一致，以减小冲击电流。

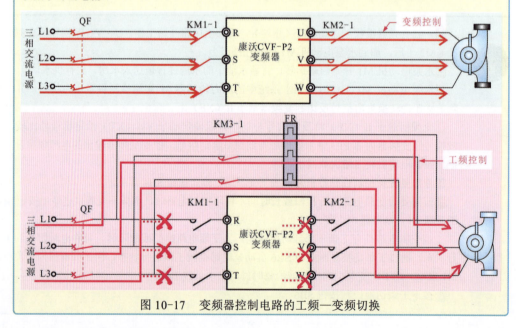

图 10-17　变频器控制电路的工频—变频切换

10.2.4 变频电路在数控机床中的应用

图 10-18 为多台电动机由多台变频器分别控制的变频电路主电路部分，包含四台电动机，每台电动机配备一台变频器，常应用在工业数控设备中（如数控刨床等）。

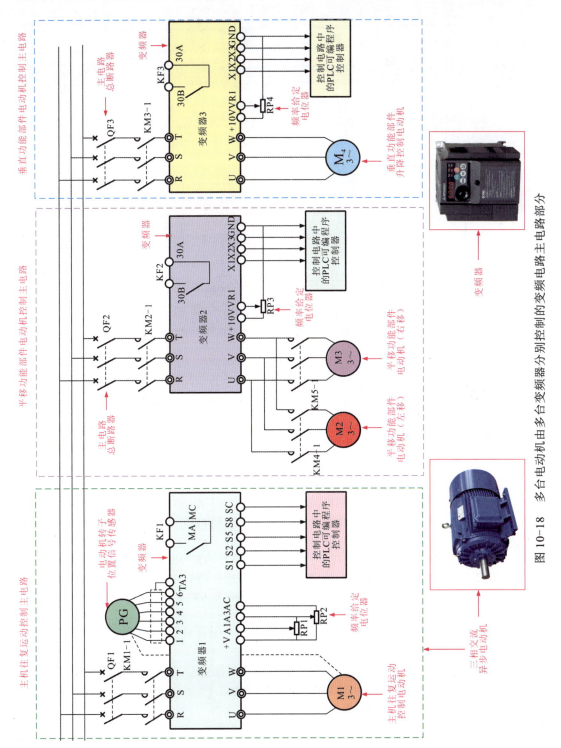

图 10-18 多台电动机由多台变频器分别控制的变频电路主电路部分

在多台电动机变频电路中,电动机 M2、M3 的左右平移和 M4 的垂直运动分别由流接触器触点为主电路部分;可编程序控制器及其外接的控制按钮 SB9～SB15、触点

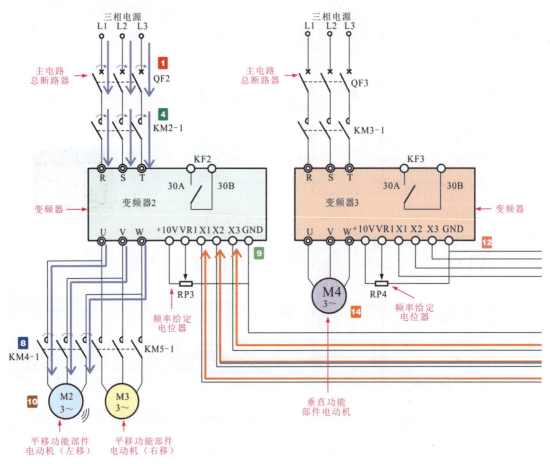

图 10-19　电动机 M2、M3、M4 的变频控制电路分析

1 合上总断路器 QF2,接通三相电源。

2 按下平移功能部件通电控制按钮 SB11,控制信号经 PLC(可编程序控制器)的 X5 端子送入内部。

3 经 PLC 内部程序识别、处理后,由 PLC 输出端子 Y13、Y14 输出控制信号,交流接触器 KM2 线圈得电,同时电源指示灯 HL5 点亮,表示系统中平移功能部件进入准备工作状态。

4 常开主触点 KM2-1 闭合,变频器 2 内部主电路的输入端 R、S、T 得电,变频器进入待机准备状态。

5 操作切换开关,SA3 至左侧,此时变频器 2 控制电动机 M2 工作,拨动转换开关 SA2 使其接通,控制 M2 左移。

6 转换开关 SA2 将开关量信号通过 PLC(可编程序控制器)的 X10 端子送入 PLC 内部,经内部用户程序识别后,由输出端子 Y16 输出控制信号。

7 左移交流接触器 KM4 线圈得电吸合。

8 主电路中常开主触点 KM4-1 闭合,为变频器 2 控制左移电动机运转做好准备。

两台变频器控制。其中，变频器、总断路器 QF2/QF3、交流接触器 KM2～KM5 的交 KF2/KF3、 KM2～KM5 的线圈、指示灯 HL3～HL6 为控制电路部分，如图10-19所示。

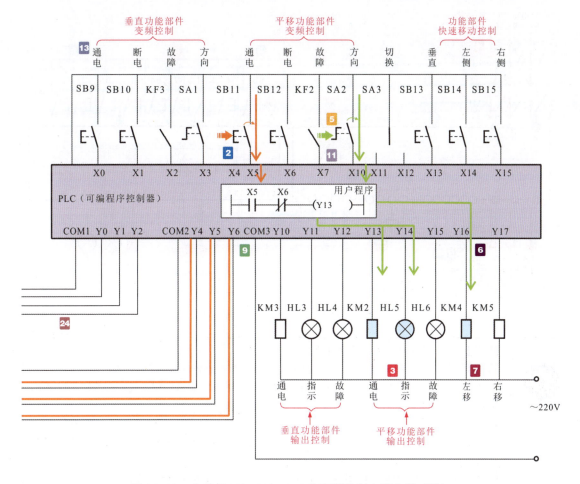

图 10-19　电动机 M2、M3、M4 的变频控制电路分析（续）

9 在 PLC 内部程序控制下，由输出端子（Y4～Y6）输出左移控制信号送至变频器 2 的控制端子 X1～X3，控制变频器启动。

10 变频器输出端 U、V、W 输出变频信号，经交流接触器主触点 KM4-1 后控制左移电动机 M2 启动运转，带动机械设备左移动作。

11 若需要控制电动机 M3 工作时，将切换开关 SA3 拨到右侧，然后将转换开关 SA2 扳至右移位置，为 PLC 输入右移开关量信号，控制过程与上述过程相似，这里不再赘述。

12 垂直功能部件的控制过程与上述过程也相似，垂直功能部件由变频器 3 进行调速控制，变频器调速控制端 X1、X2、X3 分别与 PLC 的输出端 Y0～Y2 连接，即变频器 3 的工作状态和输出频率取决于 PLC 输出端子 Y0～Y2 的状态。

13 当操作垂直功能部件的控制按钮 SB9、SB10、SA1 时，经 PLC 输入端子 X0、X1、X3 后输入各种开关量信号，PLC 对输入信号进行识别和处理后，在内部用户程序的控制下控制信号输出端子 Y0～Y2 输出控制信号加到变频器 3 的控制端子上。

14 由 PLC 输出的控制信号控制变频器执行各种控制指令，控制垂直功能部件电动机正、反向运转，进而实现上升、下降控制的目的。

在上述变频电路中，电动机 M1 往复运动的变频电路部分由 PLC 及其外接的各控制按钮 SB1～SB8、故障触点 KF1 及 KM、HL1～HL2 等部分构成，如图 10-20 所示。

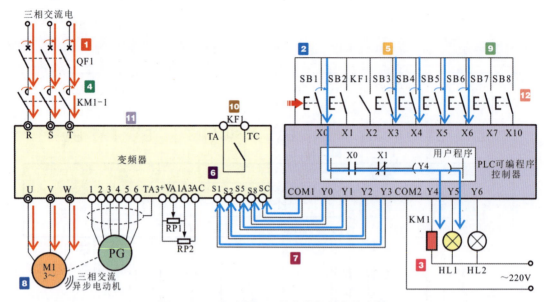

图 10-20　电动机 M1 的变频控制电路分析

1 合上总断路器 QF1，接通三相电源。

2 按下通电控制按钮 SB1，控制信号经 PLC 可编程序控制器的 X0 端子送入内部。

3 PLC 内部程序识别、处理后，由 PLC 输出端子 Y4、Y5 输出控制信号，交流接触器 KM1 线圈得电，同时电源指示灯 HL1 点亮，表示总电源接通。

4 常开主触点 KM1-1 闭合，变频器主电路的输入端 R、S、T 得电，变频器进入待机准备状态。

5 PLC 可编程序控制器的输入端子 X3～X6 外接主机电动机的控制开关，当操作相应的控制按钮时，可将相应的控制指令送入 PLC 中。

6 变频器的调速控制端 S1、S2、S5、S8 分别与 PLC 的输出端 Y3～Y0 相连接，即变频器的工作状态和输出频率取决于 PLC 输出端子 Y0～Y3 的状态。

7 PLC 对输入开关量信号进行识别和处理后，在内部用户程序的控制下由控制信号输出端子 Y0～Y3 输出控制信号，并将该信号加到变频器的 S1、S2、S5、S8 端子上，由变频器输入端子为变频器输入不同的控制指令。

8 变频器执行各控制指令，其内部主电路部分进入工作状态，变频器的 U、V、W 端输出相应的变频调速控制信号，控制主机电动机各种步进、步退、前进、后退和变速的工作过程。

9 当需要电动机 M1 停机时，按下停止按钮 SB7，PLC 输出端子输出停机指令，并送至变频器中，变频器主电路部分停止输出，M1 在一个往复周期结束之后才切断变频器的电源。

10 一旦变频器发生故障或检测到控制线路及负载电动机出现过载、过热故障时，由变频器故障输出端 TA、TC 端输出故障信号，常开触点 KF1 闭合，将故障信号经 PLC 的 X2 端子送入内部；PLC 内部识别出故障停机指令，由输出端子 Y4、Y5、Y6 输出，控制交流接触器 KM1 线圈失电，故障指示灯 HL2 点亮，进行故障报警指示。

11 同时，交流接触器 KM1 的主触点 KM1-1 复位断开，切断变频器的供电电源，电源指示灯 HL1 熄灭。变频器失电停止工作，进而电动机 M1 失电停转，实现线路保护功能。

12 当遇紧急情况需要停机时，按下系统总停控制按钮 SB8，PLC 将输出紧急停止指令，控制交流接触器 KM1 线圈失电，进而切断变频器供电电源（控制过程与故障停机基本相同）。